U0611924

经管新概念系列

做我所说
别做我所做

从成功者的失败中汲取智慧

［美］卡罗尔·弗兰克 著

张 媛 张晓丽 译

Do as I Say
Not as I Did!

中国社会科学出版社

图书在版编目（CIP）数据

图字：01-2008-1658 号

做我所说，别做我所做/〔美〕弗兰克（Frank，C.）著；张媛、张晓丽译 . —北京：中国社会科学出版社，2009. 1

书名原文：Do as I Say，not as I Did

ISBN 978-7-5004-7185-1

Ⅰ. 做… Ⅱ. ①弗…②张…③张… Ⅲ. 成功心理学—通俗读物 Ⅳ. B848. 4-49

中国版本图书馆 CIP 数据核字（2008）第 135009 号

出版策划　任　明
特邀编辑　大　乔
责任校对　王应来
封面设计　弓禾碧
技术编辑　李　建

出版发行　中国社会科学出版社
社　　址　北京鼓楼西大街甲 158 号　　邮　编　100720
电　　话　010—84029450（邮购）
网　　址　http：//www.csspw.cn
经　　销　新华书店
印　　刷　北京奥隆印刷厂　　　　　　装　订　广增装订厂
版　　次　2009 年 1 月第 1 版　　　　印　次　2009 年 1 月第 1 次印刷
开　　本　710×980　1/16
印　　张　14
字　　数　208 千字
定　　价　30.00 元

凡购买中国社会科学出版社图书，如有质量问题请与本社发行部联系调换

版权所有　侵权必究

名家点评

当我拜读卡罗尔·弗兰克《做我所说的，别做我所做的：从成功企业人士犯过的错误中获得商务智慧》（Do as I Say，Not as I Did：Gaining Wisdom in Business through the Mistakes of Highly Successful People）一书部分章节的初稿时，我发现自己被深深吸引住了。作为一名拥有 40 多年商务生涯的企业家，我认识到弗兰克夫人对于金钱的观念和做法是正确的。这堪称一本企业家的必读书！经历是最好的老师，弗兰克的这本书恰恰讲述了那些曾经创建公司、继而失去它、最后又东山再起的企业家们的故事。从他们的身上，我们能够吸取很多教训。他们真诚地讲述自己的成功经验以及所犯下的错误，旨在提醒那些志在创业或已经创业的有志之士引以为戒，把他们的得与失作为自己的前车之鉴，避免重蹈覆辙。读这样的好书是一项很有价值的投资。

——彼得·H. 托马斯（Reter H. Thomas），

21 世纪加拿大青年企业家协会创始人

充实中不乏乐趣，乐趣中蕴含着深刻的道理。弗兰克夫人指出了对企业家来说最重要的事情——避免陷入困境，保证自己走在一条可以增加收益的光明大道上。从这些充满矛盾、引人入胜的奋斗故事中，企业家们能够发现巨大的实用价值。

——汤姆·希尔博士（Dr. Tom Hill），

Eagle 协会的创始人，《企业心灵鸡汤》一书联合作者

对于渴望创业或是已经创业的企业家而言，这是一本内容丰富、价值无量的好书。卡罗尔捕捉创业中的真实经验，然后精心总结，呈现给读者。他意在告诫读者，要不屈不挠地同困难作斗争；这也是本书的宗旨。

——杰里·F. 怀特（Jerry F. White），

美国南方牧师大学企业舵手学院企业研究所主任

在发展美国库珀有氧研究所（Cooper Aerobics）的 30 年中，我犯下了很大的错误，几乎使企业濒临破产。因此，我能够体谅本书提到的企业家们的遭遇。阶段性的企业兴盛以及其后财务失败的经历，让我认识到了人事问题以及专业制度的重要性，这些都是成功的关键。

和书中的很多企业家一样，我也明白了一点，即：确切地说，成功是一段旅程，而不是目的地；或者换一种说法，就是：成功不是我们所要到达的一个地方，而是到达那里的途径。

——肯尼思·H. 库珀（Kenneth H. Cooper），

M. P. H. 的总裁

目　录

序　言

　　"这是我最近参加过的一次'同情'宴会。"企业家比尔·考利（Bill Cawley）说。卡罗尔·弗兰克和我以及其他 29 位企业家创业失误的经历，是这场"同情"宴会的主题。如果你能从他们的故事当中吸取教训，那将会节省很多钱财，也会避免很多令人头疼的事情发生。

　　在过去的 13 年中，我主持了一个名叫"巨人的出生"（Birthing of Giants）的管理节目，它是在麻省理工学院的校园里开办的。最受欢迎的一期节目要属埃德·罗伯茨（E'd Roberts）博士的"生不如死的夜晚"（Night of the Living Dead）。那天晚上，60 名商务领军人抛下面子走进节目，和大家一起讲述自己商务生涯中曾经有过的惊心动魄的危难时刻以及劫后新生的经历。企业家们的传奇性生涯，使那天晚上的节目闻名于麻省理工史隆商务学院（MIT Sloan School of Business）。

　　令人惊讶但又颇感安慰的是，这些成功的企业家还能"活着"讲述自己的故事。在本书中，卡罗尔精彩地再现了那个令人汗颜的夜晚；而且她还告诉我们，企业家必须拥有的重要价值标准就是：从不，永不放弃！当然，不放弃不等于去做无谓的支撑。我们可能需要改变战略，还可能要彻底改变企业方向。寻找企业发展的多条途径，是对企业家的真正考验。

　　卡罗尔及其他企业家的故事让我想起史蒂夫·乔布斯①的一句深受大家喜爱的话："一夜的成功却让我经受了如此长时间地狱般的日子，太让人惊叹了！"乔布斯是一位典型的"幸存"企业家，他在 30 岁以前就成就了一家拥有数十亿美元资产的企业。现在我们看到的是脱离了那家企业而羽翼丰满的子公司——苹果电脑公司。乔布斯虽然历尽艰辛、百折不挠地建立了另一家企业"皮克斯"（Pixar），但最终还是为拯救他

---

　　①　史蒂夫·乔布斯（Steve Jobs）：苹果电脑公司创始人。他创造的"苹果"电脑开启了个人电脑时代。他的人生和事业几经起伏，极富传奇性。

的第一个子公司而让它结束了。我忍不住想：就乔布斯重返"苹果"的这段经历而言，用《海底总动员》（Finding Nemo）这部动画片来形容是最贴切的了。

在创业的旅途中，你要正确地坚持，不断地学习，享受经历。

——维伦·哈尼什（Veren Harnish）

青年企业家协会的创始人；《掌握洛克菲勒行为习惯：为了企业的日新月异，你必须做哪些事情》（Mastering the Rockefeller Habits：What You Must Do to Increase the Value of Your Fast- Growth Firm）一书的作者；羚羊公司（Gazelles Inc.）首席执行官

前　言

我曾听过一位职业演说者有关改正错误、克服逆境、战胜失败的讲座，深受启发。也许有人会说这是在触痛我们原本受伤的心，但我认为这是高尚的！从自己的错误中获得教训，那是阅历；从别人的错误中领悟前车之鉴，那是智慧。

那个时候，我也正挣扎在创业中最困窘的阶段，这对我无疑是一个启示。

接下来就是触动我制订了计划，开始着手把克服困难、解决问题落到实处。也是在那个时候，我在《华尔街日报》上读到一篇题为"对于这些积极的演讲者，失败是奈何不了他们的"（For Motivational Speakers，Nothing Succeeds Like Failure）的文章，文章讲述的是一些活跃的新型演讲者的传奇故事——由失败到吸取经验教训而后重振企业的经历。这篇文章引用了畅销商务书籍作家汤姆·彼得斯[①]的一句话："只有经历了失败，你才会去分析失败的做事方式，并抛弃这些与成功背道而驰的实践。"

这最后的一点启示成了本书诞生的摇篮。一次，我与青年企业家协会新闻部长马特·姆拉登卡（Matt Mledenka）会晤。谈话中，我向他倾诉了自己企业所经历的坎坷，以及我为弥补所犯错误而付出的艰辛努力；而他的反应让我感到惊讶！他说，发生在协会成员身上的经历与我极为相似。他认为那些经历真是太有意义、太吸引人了，真该有人把它写成一本书！

听到这话，我的脑海里突然闪过一个念头！

我一直详细记录着自己几欲走向破产的坎坷而艰辛的旅程，如果不

---

① 汤姆·彼得斯（Tom Peters），美国企业管理学家，多部畅销商务书籍的作者，被视为与德鲁克齐名的"顶级商务布道师"。代表作《追求卓越》（与沃克曼合著）被称为"美国工商管理圣经"。此外的著作还有《乱中求胜》、《解放管理》、《管理的革命》以及新著《汤姆·彼得斯精华》。

以它为基础，那么一本好书的材料又该是什么呢？应该是做我所说的，不做我所做的！——从成功企业人士犯过的错误中获得商务智慧。

本书旨在向大家讲述那些令人惊叹的成功企业家们的故事，他们或是犯下过错误，或是遇到过挫折，但最终还是赢得了胜利。

这些企业家不知饱受了多少个紧张的日子和无眠的夜晚的煎熬！希望你能从他们犯过的错误、遭遇的挫折中吸取教训，增长自己的智慧，不再经受同样的创痛。如果你计划经营企业，那就有可能像他们一样遇到麻烦，而书中总结出来的这些教训将提醒你不再重蹈他们的覆辙。

我真心希望你能从本书中受益。那些典型的企业家的例子鲜活地呈现在本书的字里行间，但愿对你有所启发，促使自己早日采取行动、掌控生活。你还应该珍惜这些金玉良言，绕过成功路上的障碍，事半功倍，取得跟他们同样的成绩。有这些作为基础，我相信你会如释重负地说："天哪，我太幸运了！事情发生在他们的身上。现在我可以做到防患于未然了！"

祝你成功！

卡罗尔·弗兰克

美国达拉斯 Texas

卡罗尔·弗兰克在线

（Carol@CarolFrank.com）

鸣　谢

本书的问世是大家共同努力的结果；说是我个人的成绩，实在有些言过其实。

首先，我应该感谢我的写作伙伴特里·加里森（Tery Garrison），书中的逗趣部分都是他心血的结晶。

我还要感谢我的朋友马克·格拉克（Mark Gluck），他也是我生意的合作伙伴。他给予我独到的见解和道义上的支持。还要感谢我的企业顾问约翰·罗伯特（John Robert），为了我的企业走出困境，他倾注了太多宝贵的时间和精力。

我更应该感谢青年企业家协会新闻部长马特·姆拉登卡，他不但是本书的倡议人，而且是书中很多企业家材料的提供者。本书还融入了《布朗丛书》（Broun Books）作者米利·布朗（Milli Broun）的智慧、指导。

M. D. 马丁内斯（M. D. Martinez）是我最好的朋友，他担任了本书的顾问及评论家。

最后我要感谢作为书中范例的那些企业家，他们乐意屈尊向我敞开心扉、共同分享自己以高昂代价换来的宝贵经验，为他人鸣响警钟，令人由衷钦佩。

卡罗尔·弗兰克

卡罗尔·弗兰克的故事

姓　名：卡罗尔·弗兰克
（Carol Frank）
公　司：Aviay Adventures
产　品：宠物用品
年收入：210 万美元

我的命运我掌握；我的思想我主宰。

——W. E. 亨雷（W. E. Henley），
摘自《沉沉夜色笼罩着我》（Invictus）

自由。自由是企业家能力的核心所在。这体现在掌握自身命运的自由，在生意场上按自己意愿做决策的自由。自由是建立在经济保障的基础之上的。精神上的自由可以使你梦想成真。

可能当良机降临时，你却没有把握住机会。

——萨姆·沃尔顿（Sam Walton）
沃尔玛创始人

到底什么是自由呢？在现实生活中，如果将自由的外衣剥下，那么自由的本质可以归结为选择权。选择权不仅是自由的本质，也是自由的表象。颇具讽刺意味的是，选择权也意味着自由被保护起来。没有人会留意企业家对机遇的定义，无论这种机遇是大的还是小的。优秀的企业家还拥有创造力，他们能够有效地将各种资源整合为一体。但他们能够实现这一切的前提，是必须拥有自由选择的权利。

成功者具有失败者所不具备的习惯。

——托马斯·爱迪生（Thomas Edison）
美国科学家、发明家

企业家拥有改变事情原有面貌的能力、虔诚的信仰、坚强的意志以及向往成功的激情。他们把焦点聚集在创造价值上，追求的是要把事情做得更快、更好、更经济。他们经常是冒着违反规定、突破限制、打破常规的危险。这一切都是因为：他们认为自由既是过程也是结果。企业家在日常工作中经常面临着对决心和意志的考验，但他们努力去克服，并在考验中不断学习，这些都将成为他们前进路上的基石。

企业家的生活也只是一种生活，生活中的事情都会如此。当你接受了公司总裁这样一份令人生畏的工作时，路并没有为你铺好；你可能会得到帮助，但根本上还是要依靠你自己的亲历亲为——自己的财力、自己的时间、自己的精力。但是拥有了自由，你就可以自由地选择说"不"；自由地选择这条路而不是那条路；自由地选择你自己的市场，你能力所及的定位以及你的自身价值——这就是自由的全部意义，它使世界变得丰富多彩。

我的故事强调的是拥有选择权、拥有自由以及自立的重要性。

我独立的性格是从小养成的。小时候，父母的离异，父亲和哥哥去世的残忍现实，使我失去了安全感和"永恒"的概念。尽管经历了这许多磨难，但我仍然保持着乐观的态度，相信生活和人类都是美好的。

乐观是通往成功之路的保证，没有希望和信心是什么也干不成的。

——海伦·凯勒（Helen Keller）
美国盲聋作家、演说家

我拥有硕士学位和注册会计师证书。我一直认为自己颇有经济头脑。我天生喜欢在人群之中寻找优秀者，我相信并采纳他们的忠告，尽可能避免因自己的过分倔强而招致麻烦。

我曾经是一家大型会计师事务所中的一员，我发现，观察客户公司的运作非常有意思，它加深了我对公司运作的了解。后来我离开了那里，做过短时间的广告代理，又做了一段时间的人事经理。我觉得这些经历已经足够了。由于在十多岁的时候，我就有了自己的一定之规，因此在那样古板的科层制公司里，几乎让我无法工作。尽管我晚上要去上学，又是两个足球队的队长，白天还要从事招聘工作，但我仍然在找时间和机会实现自己的商务计划。

我的第一个商业计划源自我就读的研究生院的一个项目。在我做人事经理的那家公司老板的大力支持和帮助下，"动物王国"（The Animal Kingdom）诞生了。它诞生在 Petco 和 Petsmart 这两家宠物用品零售商店之前。同时我还展望着一个规模更大、更加专业的宠物商店。我的计划是使"动物王国"发展成为区域性的连锁店。尽管最初它还仅仅停留在一家店的规模上，但它却带给我两种新的体验：一是使我成为一家企业的所有者，这对于我而言如同天赐良机；二是我必须用企业家的思维经营并管理零售性质的商店的雇员，这是件很让人伤神的事情。在第一年中，这个店创造了将近 80 万美元的效益，这为我的事业打下了坚实的基础。

我预想的"圆楔子适合圆洞、方楔子适合方洞"的思维方式，把我的日常工作搞得一片混乱！雇员们的思想意识让我完全无所适从。我查出店里有位员工记录了一些漂亮女顾客的电话号码，在家里打电话去骚扰；还有一位员工与现金出纳要花招，一星期装走了公司 200 美元。这样一来，我花费在制定监管制度以及处理人事问题上的时间竟比我进行企业运作的时间还要多。

第一个教训

记得中国有句谚语说："一天松懈两天赶。"你要亲自把握自己的财产，因为没有人能和你一样在意你自己的企业。另外，清楚认识到自己的强势和弱势也是很重要的。你的个性和风格适合你的企业吗？

我想从眼下所从事的零售业中走出来，宠物鸟是我新的目标。经营这些具有异国风味的奇异鸟类是我毕生钟爱的事情。我喂养了好几百只小鹦鹉。1991 年，卖掉"动物王国"之后，对鹦鹉的这种激情促使我走入了下一个经营项目——Avian Kingdom Supply：一个专门经销鸟类用品的公司。

在此后短短四年中，Avian Kingdom Supply 就从一个仅有 600 平方英尺的贮藏室发展成为 1.7 万平方英尺的货栈，拥有 12 名雇员和 170 万美元的年收入。发展如此迅速的主要原因，是大多数人都没想到去建立一家这样的企业——销售众多的鸟笼子。由于当时宠物鸟市场仍处于发展初期（相对于今天美国 1700 万的宠物鸟而言），几乎很难找到某种东西——它能将你花 1000 美元一只买来的"长羽毛的朋友"装好安置在卧室中。一旦我发现这类吸引人的鸟笼子，便会买下来再卖，居然卖得特别好。

1993 年，我在墨西哥的 Tijuana（它是墨西哥和美国加州交界处离美国最近的一个城市）找到了一个供货商。这家公司能提供相当不错的货品，价格也十分合理。我买了他们的一系列鸟笼子，并开始根据不同的鸟类向我的客户推销它们。结果，这些鸟笼子卖得跟吃辣椒比赛中的解辣药一样畅销。于是，Avian kingdom Supply 公司开始成车地从那里进货，但仍供不应求。

我发现了一个机会。真正的企业家为了寻找"下一件可以运作的大事情"，通常要绞尽脑汁，花费掉很大的精力。而如今摆在我面前的这种产品，它的生产根本无法满足需求，而且需求也没有衰减的迹象。我也会有精明的时候，一个念头在我脑海中迅速闪过。就在那一年，新公司 Avian Adventures 诞生了。

首要的事情是，仅靠从墨西哥那个厂家购入鸟笼子已经远远不够了。要使 Avain Adventures 发展壮大，需要拥有更强实力的供货商网络。我需要给自己做些宣传。在《达拉斯早报》（Dallas Morning News）刊载了 Avian kingdom Supply 公司的成功故事之后，我接到了兰德尔（Randall）的电话。他声称自己在与我们毗邻的南部有九家制造厂，他很愿意和我们谈谈有关鸟笼子业务的事情。兰德尔和他的儿子住在达拉斯。来拜访我的时候，他们带了很多的资质证书、业绩证明，甚至还有兰德尔与老布什的合影。这一切把我弄得眼花缭乱。

兰德尔父子给我留下了很好的印象——诚实、可信。他们还提出可以为我订制从 Tijuana 买来的那种样式的鸟笼子，而且价格要比我买的便宜。兰德尔的儿子说自己是设计师，这几个月他都会亲自在工厂监督这批货物的生产。

不幸的是，几个月后运到的第一批货，质量异常糟糕。几天后，兰德尔和他的儿子又来纠缠我签第二份订单，但这次价格比原来提高了。我对第一份订单的履行相当不满意，所以决定推迟生意的进程。我的决定十分正确，就在这批货到货没几天，我收到了来自瓜达拉哈拉（Guadalajara）

一位名叫卡洛斯（Carlos）的人的传真。读着卡洛斯不大顺畅的英文，我的眼前一亮。信的大概意思是说，他不想再通过中间人（兰德尔父子）来销售自己的鸟笼子，问我是否可以考虑从他那里直接订货。我意识到自己上当了——兰德尔根本没有什么工厂。我愤怒之至！谎言还不止这些，我最终查明，兰德尔父子的大部分资质证书都是伪造的。

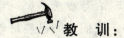**教 训：**

　　在没有对供货商进行全面调查之前，不要草率地做决定。即便他声称自己认识总统，也不可轻信。

　　任何一位成功的企业家，他们做事的核心理念都是：如果不能比竞争对手做得更好，不能做得与众不同，那么就是在浪费时间。因此，我请到了一位关系要好的朋友——乔尔·汉密尔顿（Joel Hamilton），他拥有景观设计硕士学位，在达拉斯动物园（Dallas Zoo）主管鸟类园，具有多年的工作经验。

　　"我想要独一无二的设计。"我对乔尔说，"我的鸟笼子不能与竞争对手混同。要让我们自豪地把 Avian Adventures 的名字写上去。"

　　乔尔十分投入地开始了他的工作，没多久就拿出了好几套独特的设计方案。与此同时，我也四处寻找能够加工 Avian Adventures 鸟笼子的人。最终，我在墨西哥找到了一位，他的名字叫乔治（George），过去一直从事家具和卫星电视碟形天线的生产，他特别愿意跟我合作这个项目。

　　尽管我有过一些因雇员而产生问题的教训，但企业家固有的那种永远乐观的信念仍然让我觉得：无论是合作伙伴还是一起工作的同事，他们都应该拥有与我一样的目标、忠诚和标准。这当然也包括乔治；唯一让我不放心的就是：乔治能很快合格地完成第一份订单的产品吗？

　　这个时候，我已经开始筹划在全国范围内的营销工作。我很快凭借自己的社会资源和从业经验，建立起了与美国最大宠物供应商之间的联系。

**教 训：**

　　对企业家来说，开始新项目的初期至关重要；掌握合作原则更是重中之重！不要轻信别人。同时，认识的人越多，生意的发展就会越

快。在创建 Avian Adventures 这个项目之前，我在一些行业协会工作过，这使我在日后的生意中获益良多。

我经营的由著名设计师设计的品牌鸟笼子十分畅销，到 1996 年 8 月，Avian Adventures 积压了 1000 多只鸟笼子的订单。由于我同时还运营着 Avian Kingdom Supply，所以不得不起早贪黑，忙得疲惫不堪。我自认为乔治和我既是朋友，也是生意上的合作伙伴，我们之间已经培养了稳固的、友好的合作关系，他不可能让我失望。我甚至还在百忙之中抽时间去参加他在墨西哥举办的结婚 25 周年庆典。

生意不断壮大，签订合同确实是必要的。然而，此时事情却变得更加难以启齿了，因为我们已经成了朋友。我几次尝试与乔治谈判合同之事，但他却在我不知不觉中发展了其他的合作伙伴。他们对我这个美国人毫不手软。带着一些无理要求——不规定保修期、不规定劣质产品的更换责任以及随时随地再生产的权利等，他们来到了我这里。

在这件事情上，我做出了一生少有的决定——我基本上同意了他们的条件。但我发现这样的国际性合同在美国之外很难得到执行。不管怎么说，我都不该答应他们的条件。碍于朋友关系，以及长期以来被成功冲昏了的头脑，我竟然把生意的未来系在了"主观希望"和"主观臆断"这不靠谱的基础之上。

1997 年 6 月，在宠物行业最盛大的一次展销会上，我邀请了乔治做客。尽管生意进展还算顺利，但还是有顾客对鸟笼子的细节以及包装不很满意。与其通过我把这些顾客的意见转达给乔治，还不如让他亲自听听这些顾客的问题，我想这样他的印象会更为深刻，也更清楚如何改进以满足顾客的要求。

展会期间，我指出一个较大的竞争对手给乔治看。我还告诉乔治，这家公司那年还曾问过我是否可以转售 Avian Adventure 的鸟笼子。

由于我无法满足已有顾客的要求，生意开始下滑了。后来，据可靠消息说，我指给乔治的那家竞争公司也把生产外包给了墨西哥，企图给我制造麻烦。我去找了乔治，并向他强调了保证产品质量的重要性，因为我们现在面临着一个新的竞争对手。

大概就是在那个周末，乔治去了那个竞争对手的货摊，带着谄媚的微笑向那家公司的老板介绍他自己。乔治说："我是 Avian Adventures 鸟笼子的生产商，我也愿意为你们生产这样的鸟笼子。"

伴着一个飞吻，"基督"就被出卖了，我甚至都没得到这样的礼遇。

螳螂捕蝉，黄雀在后

在接下来的几个月里，这个阴谋在暗地里展开了。到 1997 年 7 月，Avian Adventures 也还算正常，当年销售收入为 250 万美元。顾客们都在等待着八个多星期还未运到的货物，而这些都是由于供不应求而积压下来的订货。

就在这样一个特别疯狂、看似成功的秋天的早晨，乔治打来电话说："卡罗尔，我们将不再给你发货，除非你提高价格。"

"什么？"我气愤地说，"你是在开玩笑吗？我们有超过 10 万美元的订单等着呢！我一直是货到 15 天之后就付给你货款。如果我不提高价格，你打算怎样处理我这些鸟笼子？"

不幸的是，我很快就得到了乔治的答复。

教 训：

没有合同你是不可能轻松解决问题的，你参加过多少次对方的结婚庆典也没用。

我犯的第一个错误是没有合同。就算生产一只鸟笼子也要签订协议，以防止乔治使用我的设计方案为别人生产。

我犯的第二个错误是没有为自己的设计方案申请知识产权，否则我的设计至少可以在美国受到法律保护。

从那以后，事情就变得糟糕起来。1997 年 10 月，我的一位很好的客户迈克（Mike）打来电话说："卡罗尔，我刚刚接到了你的最大竞争对手打来的电话，他们说可以供给我 Avian Adventures 牌鸟笼子。"

"不可能！"我回答说，"他们只可能提供与 Avian Adventures 相似的产品。"我告诉自己，因为没有人会那么愚蠢，那么卑鄙。

"我不这么认为。"迈克说，"你的竞争对手告诉我，他们已经与你的生产商乔治签了协议，买了你们的鸟笼子。"

迈克的话仿佛是巴掌，拍打在我的脸上，让我生出阵阵疼痛。是我把乔治——一个有今儿没明儿的卫星电视碟形天线的制造者，变成了拥有数百万资产的鸟笼子生产商。对于乔治的背叛，我很气愤；但更多的是对自己的气愤：我的智力资本被盗窃了，我本来可以防止这一切发生，可是我没有做！

我对乔治太过信任了。同时运作着 Avain Adventures 和 Avian Kingdom Supply 两家公司，忙得我没有时间去为我的设计注册专利。强忍住泪水，我拨通了知识产权律师的电话。

"你唯一的选择就是为你的设计申请专利，这会带给你很多好处。"律师提议说。我当下就接受了意见，获得了设计著作权登记，并且立刻采取了下一步行动。

表面看来，我对乔治和我的竞争对手无可奈何，似乎不得不痛苦地接受这个事实——我的竞争对手将出售跟我们有着相同设计的鸟笼子。1997 年的整个秋天，我的竞争对手反复会见几乎 Avian Adventures 的所有客户，想要偷走我们的生意。不过，我们的客户关系非常稳固，所以被对方撬走的客户只有十分之一。我获救了！

经过几次紧要关头的果断抉择以及信守对客户的承诺，我的生意得以维持下来。但在 1997~1999 年这三年中，最高的年销售额也只有 210 万美元，不再上升。很不幸，我还是不得不在乔治那里加工生产，因为他使我陷入了被动。

此前的四年中，我都是在乔治那生产鸟笼子。我知道我需要再开发一个生产加工的资源。"资源，资源，更多的资源"，这是我们青年企业家协会成员大力主张的事情。

1997 年，在被乔治"出卖"后不久，我开始了开发第二个生产加工资源的工作。我找到了杰勒多（Gerardo），他也来自墨西哥，是机动车配件的生产商。我尽职地做了该做的一切。我对杰勒多的个人材料进行过仔细核实，他确实很优秀。

在接下来的一年半的时间里，我投入六次旅行、成千上万个小时、2.5 万美元，才使得杰勒多加工 Avian Adventure 鸟笼子的速度达到要求。1998 年 6 月，他的第一批货（用了六个月的时间才完成）又成了一次彻底的灾难。这批货被送到位于休斯顿的一个 Avian Adventures 经销商手中，又全部被退了回来。

在第一批不合格的货品发来之后，我就应该立刻停止同杰勒多的合作，他对我的承诺——做出完美的鸟笼子，根本没有兑现。但由于他人特别好，所以我非常渴望与他共事。因此，我给了他一次又一次提高自己的机会。我的错误其实很简单：一个人能加工好机动车配件，并不意味着他也能做好鸟笼子。这一切都是由于我饥不择食（急切地找到另一条加工途径），急于把乔治像抛弃坏习惯一样扔掉所造成的。

"海关"的解决办法

1999 年 8 月，那个时候我还在从乔治那里买进鸟笼子，但我也开始了要在中国生产鸟笼子的调研工作。就在那时，我发现美国海关有一种通关程序，侵犯著作权、商标权和专利权的货物通关时会被他们扣押。比如，如果海关工作人员发现了带有"李维"①商标的牛仔裤集装箱，他们就会马上联系"李维"的厂家，以确保牛仔裤的合法性。如果这批货不是"李维"厂家的，海关就会扣下货物调查处理。我原来的知识产权律师从来没有告诉过我有关这个程序的事情。

 **教　训：**

　　这个故事告诉我们的一个主题是：选择很重要。这也适用于选择自己的法律顾问。如果有位医生告诉你，你得了致命的疾病，那么你最好还是再找别的医生诊断一次。只拥有一个法律顾问意味着只拥有一个人的观点。两种、三种乃至更多的观点，意味着企业生死选择有了更多的希望和途径。

我立刻在美国海关部门注册了鸟笼子设计的著作权，并且按程序递到了海关办公室一位检察官的手中。我把自己对公正的期望交在了联邦政府官员的手中。

————————————

　　① 李维（Levi's），牛仔裤的著名品牌，由德国人李维·施特劳斯首创。

1999 年 11 月初，我接到了乔治打过来的电话。

"卡罗尔！"乔治发疯地叫道，"你是怎么想的？为什么要在边境把我的货扣下？"噢，真是令人兴奋的雪耻！我无法控制内心的激动，我等这一天的到来已经两年了！

"你是要毁我的生意！"乔治继续发疯地说，"我不会再给你发一箱货，直到你解除我被海关扣押的货物为止。"在那一刻，我不再关心有可能卖出的货；我也不会对这个人屈服，而且我已经找到了新的选择。

"不！"我回答说，"我不会帮你解除海关扣押的那批货，因为你欺骗了我。我不在意你是否为别人加工鸟笼子，只是不能跟我的一样。"

乔治泄气了。他说："我有个新的设计，跟你的不一样，今天晚上我会发邮件给你。如果你看过后同意了，那么你就可以把货返给我了吧？我将使用新的设计重新加工这批货。"

两年多以来，我第一次燃起了希望，这场梦魇（将我设计的鸟笼子交给竞争对手去销售）终于要结束了。看着新的设计图，我忍不住内心狂喜：这些鸟笼子设计图与我的大相径庭！使用我的鸟笼子的客户再也不必为此感到困惑了。我也不必再去忍受货摊上顾客那种迷惑不解的表情和各种猜测的言语——"我猜 Avian Adventures 一定被淘汰出局了。""我想你的股权被竞争对手买断了吧？""我想你再也没有鸟笼子了，因为乔治把它们全部卖给了你的竞争对手。"

有些时期是具有特殊意义的。我所经历的就是这样的时期。对于一种平庸的人生来说，注定不会经历这样的考验——挑战自己的激情和执著的极限。那样，我的故事也就不存在了。

在生意下滑的 1999 年，一次有 17 家墨西哥企业参展而且墨西哥农业部长也莅临现场的展会，将我交给了一个潜在的生产商——亚历克斯（Alex）①。我收到了他寄来的精美样品，同时了解到他的妻弟也住在达拉斯，这给了我十足的信心——在 1999 年 12 月，我不仅给他们公司下了订单，而且还提前预付了 1.1 万多美元的定金——以前我从未这样做过。我确信自己将有关乔治的资料作了详细彻底的备份。然而，对于亚历克斯这个生产商，我既没有核实他的资料，也没有做相应的备份。结

---

① 这里用的是化名。

果，我自食恶果!

专利诉讼

对于我和乔治之间展开的"鸟笼子战役"，我确信自己胜券在握。我迅速改进"鸟笼子2000"的设计方案，令我和全体员工都为之兴奋的"第三代鸟笼子模型"问世了。这个鸟笼子使我和竞争对手真正地拉开了距离，他们不得不去改变自己所设计的鸟笼子的式样。很不幸，2000年1月13日，就在订单下给亚历克斯一个多月后，一件大事发生了，它几乎使 Avian Adventures 步了渡渡鸟①的后尘。

一位来自达拉斯市检察办公室的工作人员走进了我的办公室，向Avian Adventures 公司以及我个人送达一份起诉材料。我们成了被告。我的竞争对手起诉了我，罪名是：欺诈、不公平交易以及不平等竞争。

"什么?"我惊疑地问道，"他们究竟为什么起诉我们?"

我怒气冲天，没好气地在厚厚的文件中翻着。我在展品 A 中找到了答案，其中有一份1999年12月由乔治签字的书面证词，那时正是乔治的货物被海关扣留的第三天。

这份书面证词具有法律效力。证词指出：在我1995年遇到乔治之前，他已经开始制作鸟笼子了，而且他是唯一的专利所有人，在我申请的设计专利中，他是原创设计师。

起诉书指出："这种非法的阴谋大大地扰乱了我的客户的生意。Avian公司和弗兰克通过一份欺骗性的申请表，注册了专利。在这份申请表中，Avian 公司和弗兰克弄虚作假，使用欺骗性的言语歪曲客观事实，因此，美国专利局可依据这些宣布此项专利注册无效。"

当我正胡思乱想着那些形形色色的施虐者和令人头疼的事情时，乔治打来电话声明他根本不知道自己签署了什么〔尽管他是杜兰大学（Tulane）毕业的MBA，而且英语也很流畅〕，也很清楚自己不是 Avian Adventures 鸟笼子的原创设计师，只是当时一起对设计方案作了些许改动。

据我推测，乔治不住在美国，他感觉作伪证对自己没什么影响，因

---

① 渡渡鸟（Dodo bird)，一种小鸟，不能飞行，现已灭绝。

而为博得其他客户的高兴签署了这份材料。在进行了四年数百万美元的
生意之后，我在那一天停止了与他的合作。我打电话给亚历克斯，并问
他是否做好了包揽我的全部订单的准备；亚历克斯当然急切地说已经做
好了准备。我从乔治那里收回了所有的订单，全部给了亚历克斯。

　　幸运的是，我仍然保留着每一时期与乔治联系的通讯记录，更何况
乔治的鸟笼设计图上都留有日期和签名。我有信心胜诉，只是担心如何
支付这笔诉讼费。

教　训：

　　要保留与供货商和客户联系的所有相关的书信及文件；要通晓自
己所上的保险涵盖的范围。如有疑问，要及时询问。

　　就这个问题，我咨询了律师。第四位律师（目前我已经获得了其他
律师的专家意见）让我将诉讼材料提交我参保的保险公司，并且要求将
之包含在我的商业财产和责任保险中。果然，保险公司勉强同我达成了
协议——对于这次诉讼"拥有权利"。"拥有权利"也给了他们选择的权
利——在法庭上听候法官的判决，Avian 公司的保险范围是否享有这种
权利。随后保险公司针对此事提起诉讼，由法庭来判决该由哪一方来承
担诉讼费用。十分幸运的是，Avian 公司胜诉了。这场官司持续了两年
半，花费了 25 万多美元。

　　此时，我只能竭尽全力去保证 Avian Adventures 的存活。2000 年 2
月至 3 月期间，我给亚历克斯下了 800 只鸟笼子的订单，合计货款 15
多万美元。我去过他的工厂多次。其中有一次，他直视着我的眼睛说：
"卡罗尔，不要担心。我向你保证，到 3 月底生产出 1000 只鸟笼子不成
问题。"生意之所以有如此转机，原因之一就是我在几笔生意中向别人
展示了亚历克斯给我制作的精美的鸟笼子样品，开始向我的客户们推销
新改进的"鸟笼子 2000"，订单也不断涌入。

　　第一个生产期迎来了……顺利度过。有亚历克斯的担保，第二期应
该没有问题。第二个生产期又迎来了……安然度过。当第三个生产期出
了问题之后，我开始担心自己犯下了重大的错误。那是在 4 月 19 日，
我的客户们都在诧异自己的产品究竟在哪儿。而此时我竭尽全力推销着

自己的新产品，客户们也热切期待着它的到来。

教 训：

　　要始终按承诺办事。

　　两个月无货可卖对于资金流动来说，无疑是一种巨大的破坏。亚历克斯向我哭诉，由于我的订单数量增长得太快，因此他不得不投入 7 万美元开始生产。我居然信以为真了，预付了他一大笔款。通常来讲，除非产品生产完成，否则我不会给制造商一分钱。而亚历克斯却在得到我的预付款后，把生产拖了下来。由于我中断了同乔治的往来，因此我感觉自己被逼进了死胡同。

　　我陷入了现金流拮据的窘境，一再要求亚历克斯返给我一部分。"我会去银行申请贷款，然后尽快返给你一部分款。"他始终坚持这样说。可他一直没有得到贷款。我后来发现，这是亚历克斯的工作模式——提前恳求需货方给予新产品的预付款，这样他就可以去还旧债。我又将自己置于同兰德尔父子打交道时的处境之中了。我没有亲自去仔细核查亚历克斯的背景，结果被一些空洞的承诺给害了。我本应该通过亚历克斯近来的客户（至少三个），了解他们对亚历克斯的满意程度如何；我还应该在付给他款项之前，同他的相关银行交流，并要求查看他的财务报表。当然，这也都是后见之明。

教 训：

　　你不能停止核查。只要多尽些力，就能预防类似的事情发生。

　　从那以后，局面开始恶化了。

　　那是 5 月末，60 只鸟笼子最后离开了亚历克斯的工厂。

　　可是，未经我准许，亚历克斯便同一家生产劣质油漆的公司签订了合约，结果鸟笼子上的油漆刚拿到客户手中便脱落了。他买来二次回收的单层硬纸板盒子包装并运输重达 75～120 磅重的金属鸟笼子。UPS（快递公司）不但损坏了几乎所有的鸟笼子，而且拒绝赔偿，声称鸟笼子的包装不合理。公正地说，这不关 UPS 的事，他们没有错。Avian

Adventures 不得不赔偿几千美元给气愤的客户。

8月，亚历克斯最终报废了余下的残次品，开始了新的生产。9月初（从我给他第一份订单算起九个月后），他将一些新的鸟笼子送到了一个"美容"场所——Tecno Alambre。9月的第一周，他打电给告诉我，到9月15日300只鸟笼子就能油漆好，19日便能抵达达拉斯。由于这些待运的货物大多已经提前预售出去了，而且我也想保证自己的生意万无一失，于是我在9月27日到达墨西哥，去视察全部的装运过程（此时已经晚了一个星期）。

我首先了解到的情况是鸟笼子根本没有油漆过。几周之后，我又了解到，支托鸟笼子的杯状支架根本就不合适。最后，我告诉亚历克斯，我安排了一辆卡车前去装运他做好的鸟笼子。我只能尽可能去收集多一些产品了。这件事不仅使公司蒙受损失，我也因此而名声扫地。

11月28日，147只鸟笼子运到了达拉斯。这算是好消息吗？客户非常喜爱我们的产品，无一退回。我们的鸟笼子无论是设计、颜色还是实用性等方面都远远胜过竞争者，对于这一点我信心十足。我知道，只要我们生产出来，就一定能卖掉。可是这种极度的拖延给我们的经销商造成了重大损失。Avian Adventures 是美国大型宠物用品经销商们的专有供货商。但是到2000年年底，这些大的经销商已经全部投靠了我的竞争对手。我们的销售额迅速从210万降到了30万美元。

和外行无法做生意

当我意识到亚历克斯成了棘手问题的时候，我知道是时候改变些什么了。我联络了一位老朋友，他是一位极富洞察力的本地商界领袖人物。我向他寻求建议，他把我介绍给了一位极其热心的人——戴维（David），他的商店距我的办公室只有八米之遥，经营高级自动化机器。我的朋友觉得，如果说美国还有一些人能为我做出鸟笼子的话，那就是他了。

2000年6月，戴维和我就鸟笼子事宜达成了协议，价格只比我支付给墨西哥生产商的高出5%，我忍不住内心狂喜。在我努力挽回 Avina Adventures 客户的过程中，戴维给我的客户写了一封信，他坚持说到8月中旬，他每天都能完成75～100只鸟笼子的制作。他在信中着重强调了他是如何专攻产品产量的。在这一点上，他是个特例。

你知道接下来发生的事情吗？截止到 8 月底，戴维没有生产出一只鸟笼子。他的借口是：部分员工辞职了，他费了很大的劲去雇用新员工，而且制作鸟笼子的工作比他预想的要困难得多。9 月中旬，戴维告诉我，他的投资商撤销了广告投资，他的商店只好停业了；他到 10 月初共能做好 50 只鸟笼子，也就这么多了。我开始相信，这或许是上苍的意旨，要让我尝尝被踩在脚底下的滋味！

我联系了达拉斯的另外三家生产商，看他们能否为我生产鸟笼子；他们都说能，但价格都比墨西哥的生产商高出很多。沮丧之至！失望至极！这种心情就如同我的客户知道鸟笼子在美国无法生产时的感觉一样。

此时，我仍然陷在乔治的诉讼案中。

一切远未结束，鸟笼子歌声不绝于耳

很明显，我的竞争对手从一开始就设计了阴谋，想"把 Avian Adventures 像一只小虫子一样碾死"，把我赶出这个生意圈。最后，有利的形势终于偏向了 Avian 和我。作为一种自我保护（而且一切费用由保险公司来支付），Avian 以"侵犯专利权"的事由起诉了我的竞争对手和乔治。这是我几年以来一直想做的事情，但却一直不愿意花费这笔钱。

经过两年半的时间，我提交了 3 万页的证明材料，使审理此案的法官有足够的信心去说服所有的当事人同意庭外调解，避免了对簿公堂的麻烦。2002 年 8 月，事情有了结果，我轻易地得到了足够的钱，去偿还近期的债务，并使 Avian Adventures 脱离困境。

实在是机缘巧合！Avian 在寻找一切可用资源之后耗尽了所有的现金。为了生产我的宝贵产品，我尝试了共计 15 家生产商。我的朋友、家人以及生意伙伴一直都在劝我放弃。但是，对于我的这些长羽毛的朋友们，我是十分热诚的。我绝不能放弃自己的理想——帮助那些鹦鹉伙伴们生活得更好，同时以此来作为我的谋生手段。我只需要在中国找到满意的产品制造商，而且第一份订单很快就会发出。最后，我将以我们的产品使 Avian Aventures 独占鳌头。当然，我需要投入金钱才能做到这些。

新的制造商没有令人失望。2003 年，是 Avian Adventures 有史以来获利最丰厚的一年。今天，公司重新步入正轨，销售突破了此前的最高额度。从生活到生意中的所有事情，我也都以新的态度去面对。

和许许多多的人一样，我太自以为是了，以为自己什么都明白。我有十足的装备——注册会计师（CPA）、工商管理硕士（MBA）以及多年的实际工作经验！而我却不知道，我要最终获得人生哲学的博士学位才行。

在历经了一场几乎莫名其妙的诉讼案件、一次生意的噩梦之后，即使下个月有可能遭遇破产或无家可归的状况，我也能领悟到禅宗所说的平衡能力了。我仍然酷爱自己的事业，但我也能让自己更好地享受生活中的其他乐趣。

我不再勉强别人达到我的期望，也不再为达不到我的预想而胆怯。在我的心里，我是永恒的乐天派。我希望人们都能做到最好，但如果你想和我共事就一定要签份合同。在法庭上"斗争"的伤疤自豪地印在我的"袖子"上，我不怕动用所有可用资源去奉陪到底。"用行动说话，不要口头协议"已经成为我的一种本能的思维模式，并以此作为评价别人的标准。

最重要的一点是，我在人生的其他各个方面，都试图让自己拥有选择的自由。我只是不让自己被"一个"所束缚—— 一个建议、一个顾问、一个专家、一个律师、一个制造商、一个房地产经纪人，或是一个其他的……（或许我的私人生活方面会是一个例外，但至少现在没有。）为什么呢？因为比起发财、比起继承遗产、比起我们追求的转瞬即逝的名誉和威望来说，我更珍视自由。这也是我当初选择从商的原因。

即使我最终失去了一切，但是我没有失去教训。

　　向强有力的事物挑战，去夺取辉煌的胜利。即使遭受挫折也比苟且偷安强得多，因为得过且过的人生活在暗淡的光晕之中，既体验不到胜利的欢乐，也尝受不到失败的痛苦。

　　　　　　　　　　　　　　　　　　——西奥多·罗斯福
　　　　　　　　　　　　　　　　　　（Theodre Roesevelt）

只有敢作敢为的人才活得真实。

　　　　　　　　　　　　　　　　　　——露丝·弗里德曼
　　　　　　　　　　　　　　　　　　（Ruth Freedman）

第 一 编

了解你所在的行业

埃米亚·安东泰

姓　　名：埃米亚·安东泰
（Amilya Antontti）
公　　司：Soapworks
行　　业：无毒性清洁产品
年收入：不详

　　埃米亚的清洁用品工厂生产家用天然皂。这种肥皂专门为那些罹患敏感症、哮喘和化学过敏症的人而研制，它由最高质量的纯植物油制成，无毒、无刺激，可降解，是人类和地球友好型的产品。它能够清洁所有污渍，而且经济实惠。

　　几年前，埃米亚刚出生的儿子戴维患了严重的疾病。戴维小时候一直被呼吸困难和皮疹困扰着，总是莫名其妙地不停尖叫。传统的药物根本不起作用，因此，失望的埃米亚只好求助于顺势疗法和其他的医生。埃米亚发现，戴维的歇斯底里症和呼吸困难的发作是因对清洁用化学品的过敏反应所致。杂货店货架上的家用清洁产品都有化学毒性。当埃米亚尝试使用天然清洁剂时，戴维并没有出现异常反应。不过，这些天然产品的售价很高，不容易买到，而且清洁效果也不理想。

　　于是，埃米亚开始研制自己的天然皂产品。当她和朋友、邻居一起分享这些产品时，好评如潮。也就在那时，她决定创办自己的公司。

　　问题是，虽然埃米亚具有经营公司的经验，但她从未严格地把生意当作一项投资来处理——她的目的是帮助更多的人——因此她没有过多地考虑学习如何在某个行业立足、工作。

　　埃米亚变卖了所有的物产，创办和运营自己的公司。埃米亚会遇到竞争，而且她的对手可能是 Dial①、Clorox② 和宝洁③之类的公司。

---

① Dial，美国一家保健品生产商，曾推出世界上第一款具有除臭功能的清洁产品。
② Clorox，美国的一家清洁用品生产商。
③ 宝洁（P&G），目前世界上最大的洗涤和护肤保健品制造商。

埃米亚意识到自己已经选择了一个行业，这个行业的核心业务就是创立品牌和市场营销。20 世纪 50 年代，在一些家用清洁公司的赞助下，商业电视节目迅速蹿红。这些节目的播出中往往要插播肥皂广告，所以人们把这种节目戏称为"肥皂剧"。而埃米亚的主要竞争对手是价值数十亿美元的大公司，这些公司具有上千万美元的广告和营销预算。

"这些公司动辄花费上百万来让人们熟悉他们的商品，"回忆起当时的形势，埃米亚心有余悸地说，"我该如何应对呢?"

埃米亚承认自己相当天真，因为她从来没有费心去仔细研究过杂货店行业的工作情况是怎样的。她如同许多门外汉一样，以为杂货店和药店就是为他们的消费者寻找最好的商品。

"我没有意识到这是一个十分较劲的行业——货架上每一英寸的空间都需要钱，每一件商品都需要变成顶尖的投标者。"埃米亚说，"因此，我认识到我与大公司的关系是竞争关系，而他们不惜花费成百万上千万美元来创立品牌。我卖掉了所有的一切，把所得资金投入到公司里，做拼死一搏。"

埃米亚清楚，关系成败的是品牌和公共关系。因此她不得不宣传公司的名称，不得不培训全体客户，让他们了解自己产品的优势。但是，她并不清楚怎样去做这些事情。

"因此，我找到最大最好的公关公司，付给他们一笔为数不少的钱。"埃米亚说，"但是这项投资根本没有收获，他们甚至没有做成一件事情。在他们庞大的客户列表中，我实在是微不足道的，即使抽干了我的血，他们也不会有一丁点发胀的感觉。在这段时间里，我甚至没有领过工资，可是从他们那里我还是一无所获。"

埃米亚中止了与这家大公司的合作。她重新找了一家规模和思维方式都更为接近的新公司。通过实惠的市场营销、消费者和客户培训，以及多种多样的游击营销策略，她开始树立品牌形象，并最终把产品摆到了商店的货架上。现在，她的公司取得了全美范围的成功，她的产品在杂货店、药店和保健品商店均有销售。

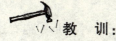

损　失：

埃米亚分析说，由于她选择了一家大型公关公司为其服务，由此带来的财务负担使她在现金流增长方面落后了几年的时间，而且在这几年里，她的公司没有实现任何目标。

教　训：

对手要搞清

埃米亚投身清洁产品行业就如同悬崖下的潜水者——以接近终点的速度不断向前。和许多企业家一样，热情是她的动力，但这不能成为企业家唯一的资本。"知识就是力量"也许会被某些人视为陈词滥调，但它却是真理。埃米亚了解自己的竞争对手，但之前她从未尝试去了解杂货店是怎样陈列商品的，她也没有考虑创立一个品牌需要些什么。直觉是能起到一些作用，但它往往会让你就此止步。由于缺乏尽职的调查，埃米亚本来应该超前作出的许多行动却严重反应滞后。她承认，如果没有把自己的所有资产全都投入到清洁用品工厂的话，那么即使意识到竞争对手是清洁产品领域的巨人时，她也可能会从恐慌中完全逃离出来。

鞋子要合脚

在你需要一家公关公司、法律公司、会计公司或者任何种类的服务提供商的时候，选择最大、最好的公司并非必要，尤其是在公司的起步阶段。

"我太急于求成了。"埃米亚说。

小公司可能不具备大公司所拥有的资源，但规模较小的服务提供商可能是新公司更为需要的合作者。小型广告代理商与新建公司合作的迫切程度，与企业家在该领域寻找合作者的迫切程度是相同的。这样的代理商会亲自接电话，而且对企业成功更有激情。

"当你按照企业家的速度前进时，你会等不及大公司的决策和反应。"埃米亚说，"如果我给一家大公司的律师打电话，可能过48个小时他都不回我电话。48个小时，我可能重造了世界——当然，这

可能言过其实了。你不需要那样的律师，你需要的是真正能为你工作
的人。"

 问　题：

在开发一项新产品之前，你是否分析了你的竞争优势和劣势？你是
否有足够资金抵挡住来自他们的阻挠？

你是否为你的企业找到了规模适当的服务公司？或者你是否抱有这
样的错误观点，即认为最大的往往是最好的？

入行之前要先懂行，入行之后更要随时了解你所从事的行业，这是经营的基点。

迈克尔·贝罗兹海默

姓　　名：迈克尔·贝罗兹海默
　　　　　（Michael Berolzheimer）
公　　司：P&M 雪松制品企业/ CAL 雪松
　　　　　（P&M Cedar Products/CAL Cedar）
行　　业：专用木制产品
年收入：1 亿美元

　　风险投资商迈克尔·贝罗兹海默对投资生产消费类产品有着非常高的热情。他曾经成功地开发了一些家喻户晓的产品，还成立了一家风险投资公司——厄尔利·斯特奇斯（Early Stages），这家公司专门生产消费类商品。

　　迈克尔拥有哈佛大学的 MBA 学位和在木制品生产领域独一无二的背景，同时他还具有经营跨国企业的经验，这些是生意场上的任何一个人都值得羡慕的。迈克尔执掌的西方公司要闯入东方市场，这种经历可能不是每一家企业都会有的。如果你仔细分析领会，你会发现迈克尔的经历对那些打算进行跨国经营甚至是跨文化贸易的企业有着宝贵的借鉴意义。

　　本篇讲述的是关于一个 Gaijia①的故事——拥有 Rashomon②的质量，却想打入日本的筷子市场。

问题出现，要抓紧时间

　　"我总是喜欢做小池塘里的大鱼，从参加学前班的运动一直到经营

---

　　①　日本俚语，对非日本人的称呼，字面意思是"野蛮的，粗俗的"。
　　②　是由 Ryunmosuke Akutagawa 收集的短篇小说集，被认为是现代日本文学的名作之一。书中收录了短篇故事《在小树林》（In A Grove），叙述日本封建时代不同见证人对一桩公路抢劫案所持的不同看法，说明人们对相同的事情或者同样的话语往往会有不同的看法或理解，所谓"仁者见仁，智者见智"。

互助会，都是如此。我喜欢拥有小市场的大份额，这也是我看中日本筷子行业的原因。"迈克尔说。

那时，迈克尔和他的兄弟一起经营着 P&M 雪松制品公司——一家锯木企业。就在那时，他们发现自己正在考虑的事情是一个非常大的商机。由于具有开发木制类消费产品的广泛经验——不管是开发特殊木制品还是当下十分普遍的 Dura Flame 牌圆木，迈克尔认为自己非常适合利用这次机会。

迈克尔已经发现，供应特定种类筷子的木材存在一定风险。由桧木制成的筷子在日本具有很大的需求量，但桧木供应量却在不断减少。桧木多生长于北半球国家的潮湿地区，日本也有，但供不应求。桧木在加拿大发现有较大产量，因此迈克尔打算成立一家公司，来采伐、加工桧木筷子，销往日本。

迈克尔和他的兄弟在温哥华北部的一处地点开始了他们的商务活动。他们制订了一项计划，决定外部融资 300 万美元，内部筹集 200 万美元，以此促进筷子的生产、营销活动。

迈克尔雇了一个日本人做业务员，同时让他兼任产品的款式及质量顾问。这位日本人提供产品规格之后，工厂开始生产了。

"在此后的一年半的时间里，我们遇到了很多问题，但还是让工厂逐渐地运转起来。那时，我们每天能生产 150 万双筷子。"迈克尔说。

那么，又出了什么问题呢？

"我们以为自己了解日本市场关于筷子质量的定义。我们曾雇用一位在筷子行业经验丰富的日本人来做公司的业务员，我们以为他知道这些差别和细节。可事实上，当我们把最初的产品投放市场之后，得到的反馈却是产品质量不能令人满意。我们做了 19 件事情来改善产品质量，但是始终不得要领。"迈克尔说。

筷子仅仅是筷子，这样的观点正确吗？答案是——错！迈克尔认识到，在日本，筷子的类型往往标志着一个饭店的档次。有一种是大众筷子，多见于日本的快餐店和美国的大多数亚裔人餐馆里——称为 koban。它没有斜角，制作过程快速而简易（在日本，你可以把它当做与肯德基里的塑料吸管一样的东西）。

还有一种 kenroku，是为高档次的饭店准备的。这种筷子在日本有严格的标准：它们必须由白木制成，前端有平缓的斜角，没有黏结的地方，对称性要好，刨得要平整光滑。最高级的筷子是 kensoga，日本高档饭店挑选这种筷子的认真程度就如同美国五星级酒店里切割鱼片或者其他果冻一类食品的程度，堪称精雕细琢。

　　"我们发现，我们雇用的那个日本家伙也不清楚质量标准；或者他自己知道，但是无法表达清楚；或者公司负责人根本就没有听他的；也或许是这个日本人不想过分自信地去修正我们的错误。"迈克尔说，"那时我们的集装箱就在日本，但是批发商已经拒绝进货了。"

　　"我们没有把产品的质量要求和客户的需求搞清楚。"迈克尔说，"可能在整个过程中，我们还犯有其他过失，但最为重要的还是我们不清楚客户需要什么。"

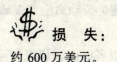 损　失：
约 600 万美元。

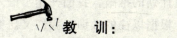 教　训：

在有些地方，每个人都是 Gaijin。

　　Gaijin 是日本人称呼外国人的专用词汇，字面意思是"粗俗的"。迈克尔认为他的产品非常符合这个描述——对他所瞄准的目标市场而言，他的产品很不适宜，因而也就很粗俗。他的公司不懂得客户品位的微妙性。之所以出现这种情况，可能要归因于文化差异或者沟通不畅。

　　"要想获得成功，公司从总裁到员工都必须领悟产品的细微差别和它所蕴涵的意味，以及客户想从产品中获得的东西。"迈克尔说，"在动手设计产品款式之前，我原本应该用几个星期的时间来专门学习每一级别的产品在款式和质量水平上的区别，以及这种区别对日本人和餐饮企业意味着什么。但是，我没有。"

　　仔细想想，我们就会明白：区别两种文化背景下的市场是一件简单明了的事情，充满了必然性；但同时，在一种文化和一个市场区域中，同样存在着很大的不同，同样有着区分的必要。为什么胸前有彩虹的粉色玩具熊在节日里风光畅销，而有云朵的玩具熊却只能在货架上寂寞憔悴？为什么某种短裤断货，而零售商却卖不出几乎相同款式的另一种短裤？如果你是市场的门外汉——如同迈克尔经历的那样，观察和理解这些细微的差别和微妙的意蕴是非常困难的。

　　知道卖什么商品还不够，你还必须知道为什么客户想要购买这种商品。你必须清楚这种产品对客户意味着什么，这远远超过它的功能，甚至远远超过它的形式。

遭受意外打击

　　几年后，迈克尔又开始经营另一家跨洲的木制品制造企业。他的想法是：在椴木供应充足的中国，采用当地成本低廉的劳动力生产 Venetian Blinds，然后出口到美国。

　　"我们认为应当吸取从前的教训，因而花了很多时间去研究物流和产品现状。经过长时间的市场调研和商业计划的推敲，我们开始了椴木生意。调研这项生意用去了两年的时间。根据以往的教训，我们又研究了产品的质量标准，然后筹集资金。这个过程又用去了三四年的时间。最后，工厂终于开工了，但是我们却只有一个客户。"迈克尔点到了实质性问题，"就在那时，问题也出现了"。

　　最初的问题当然就是：迈克尔开工时只有一家客户，而不是商业计划书要求的三家。最终结果表明，盲目生产和批发都存在问题，市场的规则是独家垄断，而不存在例外的情况。但是，这仍然不算是一个很大的问题。

　　伴随着第一次发货的失败，接下来又出现了产品的分类和质检问题，而迈克尔却没有做好任何准备。这是一个标准的基本商业问题。迈克尔加强了质检过程，增加了质检员的数量，甚至改善了质检员的灯光条件。

　　这项工作完成之后，工厂加速了生产进程。即使客户的订单数量有所下降，工厂依然坚持生产并努力保持增加库存的规模。他们相信订单一定会来。但是，当获得另一份订单并且发货的时候，一个新的问题又出现了。

那时，迈克尔解散了正在工作的调研组，不再研讨这个特定行业的细微差别，转而研究产品。为了找到产品的缺陷，他们甚至在特定的灯光下按照特定的方法举着木板寻找问题。不幸的是，他们公司生产的木板确有瑕疵，而这对于内行来说是不能容忍的。"我肯定我们研究了每一个细节，但是这个对我而言仍是新问题。"迈克尔怯怯地说，"因此，现在我们有三个问题——不是非常好的库存，产品的瑕疵，还有生产过程的缺陷。同时，现金在不断地流失。"

迈克尔和他的团队艰难地处理着这些问题。花费九个多月的时间之后，事情才步入正轨。幸运的是，迈克尔的客户并没有抛弃他，因为他们之间已经建立了非常稳固的关系。但后来，几家工厂中断了对他的公司的投资，直到一切结束。

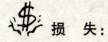 **损　失：**

数年时间，400 万美元。

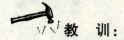 **教　训：**

如前所述，要吸取教训、积累经验。

迈克尔不是笨蛋，他并没有盲目地进入他所进入的行业。他吸取之前经营筷子的惨败教训，竭尽全力进行调研。他为这个项目的投资调研花费了好几年的时间。

但问题是，事情总会存在一些未知的情况，你必须要为这样的情形做好准备。计划可能在现实中流产，你必须更快地转变方向来修正路线。迈克尔尽了最大努力，但仍然有无数的因素与他作对。当然，每个人都可能遇到这样的情况。迈克尔具有高度的责任感，他全盘吸取过去的一切教训——这种说法高度评价了迈克尔的性格特征，而这却并不能成为他事业成功的决定性因素。

"我们企业的主要问题是质量。我们认为自己了解产品的质量，但是了解的程度却很不够。"迈克尔说，"如果在开始的时候我们就理解并符合客户的需求，我们完全可以挽救自己。一定要保证做正确的事，然后再寻求额外的投资来保证你可以正确地做事。"

问　题：

你能保证自己的产品或服务符合并且超越客户的期望吗？

真的确定吗？

即使真的确定的话，你也应该再检查一下。自信往往是杀手。多检查一遍，可能就不会出现失误了。

　　事情总会存在一些未知的情况，你必须未雨绸缪，为这样的情形做好准备。

加里·胡佛

姓　名：加里·胡佛
　　　　（Gary Hoover）
公　司：Bookstop，Travel Fest
行　业：连锁书店、旅游商店
年收入：6500 万/ 2500 万美元

　　加里是一个典型的创业者——他反应敏捷，经历了许多兴衰荣辱；他很有远见，从来不知道"放弃"的含义。他盈盈亏亏上百万；他曾经因董事会以及行业机制的变化而被釜底抽薪。但是他依然勇敢追求着自己的理想，并且经常变化经营的方式。比如，你最近去过图书超市么？这个概念是加里提出来的；你用过因特网信息服务么？这个概念的提出也有加里的功劳。

　　首要的是，加里对零售业非常热爱。他喜欢为顾客设想出一些新的办法来，直接提供产品和服务；他也喜欢为不同的客户群体服务。

　　加里的第一家公司 Bookstop，创建于 20 世纪 80 年代，最终在 1989 年以 4.15 亿美元的价格卖给了巴恩斯－诺伯①公司，那时加里的公司已经成长为美国第四大图书零售连锁商。那是在 1987 年，公司引进了新的风险投资合伙人，之后加里经历的一切预示了他后来所得到的教训。根据新的风险投资合伙人的要求，Bookstop 董事会计划聘请富有经验的 CEO 来管理整个公司，因为他们觉得公司的发展已经突破了最初的发展平台，需要加强管理以适应新的发展。于是，没有任何预兆，也没有任何商量的余地，新的投资合伙人利用手中的权力把加里赶出了公司。

　　"这件事情伤害了我个人；更为重要的是，它也伤害了公司。"加里说，"离开公司的时候，我极力劝说其他主管不要跳槽，因为我希望公司经过最初发展的七年后能够继续成功地走下去。这是我第一次经历命

---

① Barnes & Noble.

运由一大群人控制的情况。"

接下来，加里又成立了一家公司——Reference 出版公司，随后改名为 Hoovers。这家公司提供所有国有企业和众多私营企业的综合信息和背景材料，因此，从投资商到求职者，从行业分析师到商务研究员，每一个人都把 Hoovers 视为研究企业的重要支持工具。

"作为一个企业家，我意识到，对将要进入的行业，有太多的东西需要学习。但是我随后发现，多数生意人对于自己从事的行业却并不十分了解。"加里说，"他们更愿意相信奇迹的发生，却并不想去了解有关行业内外的信息。多数人并不清楚他们要面试的公司或者要投资的公司是个什么样子，于是，Hoovers 满足了这种需求。"

2003 年，Hoovers 以 1.17 亿美元的高价卖给了邓恩·布拉德斯特里特（Dunn & Bradstreet）公司。这个创意的收益比加里之前的预期要好很多。

但是，加里第三家公司的创意却使自己接受了人生中最深刻的一场教训。Travel Fest，似乎也是一个很欢快的名字，但是当一切结束的时候，这个名字却成了加里在生意场上的一次噩梦。

这个创意诞生于 20 世纪 90 年代早期。加里他们打算成立一家集旅行社服务、旅游产品销售和方案提供为一体的大型旅行超市。Travel Fest 出售行李箱、地图、书籍，还提供全套的旅行社服务，顾客在店里可以按当日汇率兑换出发国和目的地国的货币。Travel Fest 甚至还专门开设了针对游玩和商务旅行的语言课程。大多数旅行社按照每周五天、朝九晚五的标准时间营业，而 Travel Fest 却天天营业，而且每天都营业到深夜。不管顾客要到哪里旅游，他们都会为顾客提供帮助，包括散客。

加里无法获得风险投资——经营理念越创新，风险投资家感兴趣的可能性就越小。因此，他转向了天使投资人（angel investor），以前在创建 Bookstop 时，加里也这样做过，而且根据得克萨斯州法律的规定，他可以通过自行承销股票发行的方式来筹集资金。

最后，加里总共筹资 1300 万美元，这使他在 1994～1997 年的三年间连续开了三家店，两家在奥斯汀（Austin），一家在休斯顿（Houston）。结果怎样呢？远远没有达到加里的期望。

"我预计，每年每家店出售书籍和行李箱可以赚得100万；而实际上，我们只赚了80万，毛利率差不多在35%～40%。我们损失了一些，但是无关大局。"加里说，"真正使我们崩溃的是机票的销售佣金。"

"我原本设想，经过前两年的创建期，每家店的营业额可以达到300万，机票销售佣金达到10%。"加里说，"但是，旅行社方面仅营业一年，每家的营业额就达到了1000万。它疯狂地扩张着，转眼之间成了生意的主要组成部分。我们不得不在市场上争夺有经验的代理人，聘到店里来工作。"

当一切朝着好的方向发展的时候，麻烦的事情又出现了。

1997年底到1998年初，各大航空公司纷纷考虑削减成本，讨论酝酿的第一个措施就是大幅度减少付给旅行社的机票销售佣金。而那时售票佣金收入是Travel Fest的主要现金来源。

"要命的是，那时我们的现金流不能受到一点点的阻碍。"加里说。

为了弥补售票佣金造成的损失，加里绞尽脑汁，想尽了一切办法。他考虑增加旅行者的费用，加强书籍和行李箱的销售，以此来扩展公司的利润空间。变革，挣扎，创新——这些词语支撑着加里应对机票销售佣金的削减。他还把这些想法灌输给了其他的旅行社。随后，他又在商场和机场增设了营业点。

即使情况非常紧迫，加里也不愿意放弃。他拿出了30万的房屋净值贷款，又从朋友那里借了数十万，全部投到了公司里。他拼命地坚持着，并且开始寻找投资商。

"我到那些投资商的办公室，看到他们的桌子上放了两份报纸——一份的大标题是'因特网如何消灭旅行社'，另一份的标题是'航空公司继续降低佣金'。"他说，"所以不方便再提投资的事了。"

于是，加里把奥斯汀的一家店卖给了当地的旅行社。但是，这已经太迟了，旅行社在生意场上已经经历了全面的溃败。不管曾经多么勇敢地奋斗过，Travel Fest最终还是失败了。这使加里损失了很大一笔资金——除了从Bookstop和Hoovers两家公司赚来的大部分之外，加里还欠了一大笔外债。

但是，加里并没有被击垮，他一如既往地保持着战斗者的风采，并开始筹建新的公司——到笔者截稿为止，他仅透露说是一家零售公司，经营的业务与怀旧和历史有关。加里知道，许多家喻户晓的企业家都是在经历数年的奋斗和挫折之后才取得了今天的成就。

　　"风险确实存在，它并不是你在书本里读到的那些虚无缥缈的东西。"加里说，"这也是企业家能获高薪的原因之一，因为一个机会就可能耗尽他们一生的精力。"

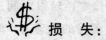 **损　失：**

大量资金，甚至超过加里能够记得的数目——他自己的以及投资商的。短期内成为企业家的信心。

 **教　训：**

对所从事行业要挖掘得足够深。

　　具有讽刺意味的是，加里承认，虽然他曾经成立过 Hoovers 公司，旨在向商业人士提供更多关于公司和行业的信息；虽然他曾经花费大量的时间来研究旅游业，甚至曾和两家航空公司的主管面谈，但他始终不知道大多数航空公司憎恶旅行社。因此，当航空公司开始削减旅行社售票佣金的时候，他没有一丝防备。

　　"失败的主要原因是这个行业出现了一些变革，而我并没有提前意识到。"

　　所以说，你知道的可能永远不够。

不要寄希望于一件事上。

　　对加里来说，有很多行业可以选择，但是根据经营 Travel Fest 的经历，他找到了自己偏爱零售业的原因——具有更大的市场潜力以及需求多样的顾客。

　　"我不想依赖任何事情。在零售行业里，你的目的是要每个顾客都满意，那些不喜欢或者不满意你的经营方式的顾客——如果存在的话，在你的业务中也只能让它占到 1%。"加里说。

　　而加里却进入了旅行社这一行业——他的命运掌握在航空公司的手里。这样的行业在商业实践中往往是跟风行事的——一家航空公司开头，其他的航空公司也马上照办。因此，失败也就在所难免了。

"成为企业家最基本的目标是实现自己的理想，并且掌握自己的命运。当依赖于某一类供应商、购买商、顾客或者依赖于某一项政府政策的时候，一旦出现变化，你将毫无还手之力。我从来不想处在这样的位置上——命运由供应商、顾客或者政府调控者主宰。"加里说。

加里曾经以不同的方式吸取过这样的教训。经营 Bookstop 时，第二轮风险投资商突然决定了他的命运，在没有提前通知和商讨的情况下把他赶出了公司。

现在，加里出版了他的专著《胡佛的观点：企业成功启示录》（Hoover's Vision: Original Thinking for Bussiness Success）。这本书介绍了企业成功所必备的因素，尤其强调了宏观把握和战略。这本书也展现了加里对于个人、社会以及整个美国的一些先见之明。加里以设身处地的方式去考虑什么有效，而不是置身事外愤世嫉俗般地指出什么没用。

 问　题：

如果你正在寻求外部资金来支持增长，你是否找到了投资商对公司感兴趣的真正原因？答案可能与你的长期目标并不一致。

你是否会晒过资产组合中的其他投资人，他们是否对这样的安排满意？

你的主要收入来源是否受制于政府管制？如果是的话，你是否在积极地寻找其他多样化的途径？

多赛·米勒

姓　名：多赛·米勒
　　　　（Dorthy Miller）
公　司：米勒广告公司
　　　　（The Miller Ageney）
行　业：广告代理，专注于汽车经销
年收入：1250 万美元

多赛·米勒的故事让人想起 20 世纪 80 年代流行的卡里·纽曼（Cary Neuman）的歌曲里面的歌词：

我在车里面，感到最安全。
我可以锁上所有的门，这是生活的唯一方式。
我在车里面。

多赛了解汽车营销就如同最好的机械师了解汽车维修一样。25 年以前，她是一家百货公司的采购员，并在肯塔基州刘克星顿的一家专科学校里教授市场营销和广告课程。一位了解她的汽车贸易商得知她在其他领域工作，便邀请她走出学校，为他的汽车经销公司成立一家内部广告公司。

带着创业的激情，多赛全身心地投入到公司的工作中。很快地，汽车销售领域就没有多少她不知道的事情了。她知道哪些车好卖，哪些车不好卖。她知道怎样去诱惑买主，如何策划长期策略，以及对贸易商来说最为重要的从广告设计到媒体段位购买等里里外外的事情。

几年后，多赛被一家广告代理公司雇走了。这家广告公司叫 Maxina Agency，在当时颇为知名。三年后，多赛买下了公司的所有权，于是，Miller Agency 广告公司诞生了。到 1984 年，多赛把公司从刘克星顿搬到了达拉斯（Dallas）。现在，这家公司年营业额超过了 1500 万美元，成为得克萨斯、俄克拉何马和阿肯色三个州的汽车经销商的首选广告代理商。

现在，多赛很自信，只要她和她的团队能够找对客户公司的决策人，在汽车经销的世界里就没有她拿不下的客户。但事情也并非那么容易，多赛必须要保证所有的"八个汽缸都要正常地燃烧"，发动机要运转平稳。

多赛从未想过要成为某种产品的营销专家，她曾经数次尝试把业务扩展到汽车销售行业之外。但当她知道自己是汽车销售行业某一部分的专家时，却又没有想到过在这行里还有很多她没有掌握的东西。

事情发生在买下 Maxina Agency 公司并且更名为 Miller Agency 公司两年之后。一家公司的业务员找到多赛和她的委托人，向他们推销一项汽车销售的组合推广活动——印刷品、广播和电视广告，所有的都打包在一起。每场活动的价格是 1 万美元。多赛看到，除了自己，那些人也在向不同市场的其他 60 家经销商推销同样的活动。

这使多赛受到了启发，也促使她转变了方向。

"你说对了。这不是一个很好的推广活动，而且我认为我可以做得比他们好得多。"多赛说，"就这样，自从我自认为对这个行业了解很多之后，我不再经过观察就贸然从事。"

多赛组建了一个团队，把更好的广告组合形式打包放到一起。仅这个过程就花费了 2 万美元。之后，她组建了一支业务员队伍，打发他们到处出差推销。

"我们的销售业绩几乎为零。"她实事求是地说，"所以我又重新引入了一支业务员队伍，又把他们打发了出去。"

但是这个做法仍然不灵。到调整产品的时候了吗？

"我是很固执的，我以为这项工作总会奏效的，因此坚持苦心研究，并且设计出更新甚至更好的组合广告包。"多赛说。

多赛为了这个新的广告包又花费了 4 万美元，但仍然一无所获。所有地方的销售情况都不乐观。打包并不受欢迎，一些经销商更愿意购买其中的广播和报纸广告的部分，因为它们比电视广告要便宜很多。

"我仅仅是不断地走啊走，不断地前进着，却从来没有看到真正的问题所在。"多赛说，"因此，我把自己辛苦赚来的钱加上借来的钱全赔了进去。"

但是，多赛还是恢复了过来。不管她的会计如何坚持，她也没有申请破产——她有太多的骄傲和荣耀。多赛重新投入到工作当中，她削减了包括工资在内的支出，并且比以前更加努力地工作。她精简公司机构，简化了公司运作。经过两年的时间，她终于偿还了所有的债务，并重新开始扩大规模。

现在，差不多是 20 年以后，米勒广告公司已经成为汽车经销专业领域的领头人。公司聘用了 12 名专家，但他们做的工作却远远超出了他们应有的工作量，而最近的休整使他们重新获得了精力。多赛和她的员工正计划着拓展业务，他们打算突破米勒公司的传统地理界线。她在做这些事情的时候具有专家的自信，她知道，只要清楚自己在做什么，将要走向何方，就能够取得没有止境的成就；而做那些不熟悉的事情，很可能会让自己受到伤害。

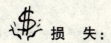
损　失：

约 25 万美元。那可是 1983 年的 25 万美元啊！

教　训：

盲目做事会导致思想僵化。

多赛知道她能够设计更好的产品，除此之外，她从来不考虑其他的事情。她没有考虑其他的因素，诸如其他广告公司已经为汽车经销商制作了组合广告包，而且他们已经具有庞大的客户基础。

"Lexington 外面的一切，在我来说都是全新的。没有人愿意配合我去实施提供给他们的所有活动。"她说。

造成多赛处境的另一大原因是经济状况。别的广告公司正在 Lexington 地区销售组合广告包的时候，全美经济也正处于繁荣时期。因此，即使经销商从来没有计划要使用这些组合广告包，他们也会临时追加广告费用，大把大把地花钱来购买。

"那时，他们已经支付了 1 万元，想在市场上领先。"她说，"但我没有意识到经济正在发生变化（变坏），而且经销商也不愿意再作临时性的支出了。"

多赛仅仅注意到了整体的一个部分——产品。她知道自己可以生产出更好的产品，而且她是正确的。但如果没有考虑到影响市场的其他诸多因素，那么仅仅一项产品并没有多大意义。普雷斯顿·塔克①曾经创造了他所处时代的最先进的汽车——合成质量、舒适程度和安全性能都领先于时代很多年，而他的公司却从来没有离开过地面。

底线——总是、总是、总是要你进行尽职的调研。市场知识从来没有什么别的东西可以替代，而且你永远不可能掌握足够的知识而无须再做调研。

"回顾以往，我本应当对他们说，'我知道你们在疯狂地推销这些东西，但是我可以改善你的产品'，这样来达到目的。"多赛说。

在屋里待太久会把人送进救济院。

在现在这个年代里，没有必要把所有的东西都保存在一个屋檐下面。多赛很早就知道，如果雇员人尽其用、工作高效，就可以在完成所有工作的同时提升利润空间。

"我们现在做的工作远远超过 12 个人所能够完成的工作量。我和所有的员工一起降低企业的管理费用，并摆脱了失败的重击。"多赛说。

"保持人员精简。明白合同分工的重要性。"多赛还说。

知你所长，做你所专。

了解你所在的领域，并且成为这一领域的专家。对在特定领域处于领先水平的某些人而言，市场总是存在的。

"我知道很多电视和广播广告的销售代表，他们看到汽车经销商肯花费这么多的金钱，就想跳出来成立自己的公司单干，但他们不知道这

---

① 普雷斯顿·塔克（Preston Tucker），美国汽车制造商。他曾经设计出安全性很强的汽车，但底特律汽车工业的大亨们认为他的汽车将让美国人不相信其他汽车的安全性，并在证券交易委员会发起攻击，最终塔克还未建成的汽车王国就坍塌了。

个行业会在他们面前关闭大门。"多赛说，"你如果不能比竞争对手做得更好，或者做得别具特色，别人可能永远不会找到你。"

 问　题：

你知道你的目标客户是什么吗？你肯定他们需要你的产品或者服务吗？

你是否正在考虑扩展你的产品和服务供应？你是否 100% 地确信自己可以比竞争对手做得更好或者做得别具特色吗？

威廉·"比尔"·考利

姓　　名：威廉・"比尔"・考利
（William "Bill" Cawley）
公　　司：考利国际
（Cawley International）
行　　业：商业地产
年收入：2500 万美元

　　"我犯的错误都可以用吨来衡量了。"比尔说这话的时候，脸上挂着轻松的笑容。

　　然而，关于比尔，大家所知道的却是：他在商业地产开发和服务、电信等领域建立了实力雄厚的企业帝国，年收入达 2500 万美元——这是每一个企业家的梦想。除建设了 600 万平方英尺的商业地产、在全国范围内提供商业地产服务之外，比尔的 Cingular wireless 在五个州里都居本行业前列，他把公司从几年前濒死的边缘挽救过来，扩展到了目前的 90 多家店。

　　事实上，比尔的人生传奇就是直面困难、克服险阻的范例。困难可能是他自己造成的，也可能不幸是神的旨意。而且起初创建公司过程中出现的一些困难和失误，在那之后更为严重。就这样，比尔的人生旅途上刻下了好几次九死一生不幸遭遇的印痕。

　　1982 年离婚之后，比尔去达拉斯旅游散心。他发现那里是地产经营者的天堂，"每一个角落都在建设着高楼，"他说，"我想没有什么地方比达拉斯更好了。"

　　比尔在达拉斯开始了自己的地产生意，经营得很好。但是好景不长，商业地产市场的情况急转直下。20 世纪 80 年代中期，达拉斯的地产市场全面崩溃。之后，比尔只好在福特基金（Fort Worth）为 Bass 兄弟打工。"我不喜欢这份工作，因为我的工作是给那些处境艰难的同行打电话，骗走他们的最后一笔钱。"他说。

比尔厌倦了现有的工作，他并不害怕市场情况瞬息万变。于是一年后，他成立了自己的公司——Cawley & Associates。这家公司诞生在比尔住宅的卧室里，开始的时候，业务发展非常缓慢，甚至节约了六个月他才买得起一台传真机。

"我那时有个计划。我意识到 20 世纪 80 年代，人们通常是根据地理位置来决定购买住房的，如果他们有购买房产的需求，办公室经理愿意就地解决问题。"比尔说。

但是随着技术的发展，这些公司能够更加密切地跟踪成本，这时，他们意识到他们对地产的成本问题关注太少。于是，这些公司开始在公司水平上更为集中地考虑地产决策问题。

"我开始给财富 100 强企业打电话，整天奔波着与任何愿意见我的人见面，谈论房产交易、租赁等问题。后来我明白了，当你的公司还不够大的时候，他们只和你见面，但不会和你做生意。"比尔说。

比尔奔波了 12 个月，不停地给各大公司打电话，但没有得到一分钱的生意。

失望之余，比尔把目光投向了当地新成立的小公司。

"我打电话的时候，这些公司非常小，甚至只有三名雇员——CEO、CFO 和一个秘书。没有人给他们打电话，所以他们愿意与我合作。"比尔说。

从简单的租赁谈判，到成本分析，再到位置选择，比尔尽力满足这些小公司的所有需求。

有时，从建立关系到真正获利可能需要一些时间。但是，随着这些新成立的小公司在 20 世纪 80 年代末到 90 年代初的不断壮大，比尔的公司也在不断发展，而且双方之间建立了非常稳固的合作关系。

"我们从零开始，一直到收入上百万，这个过程经历了四五年。"比尔说。

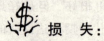 损　失：

一年的时间，与合适的客户合作的机会，大量的旅行资金。

"我几乎不名一文，靠着朋友接济为生，甚至几次想拧开煤气开关自杀。"比尔如是说。

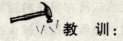

教　训：

有时，你必须经历一些小刺痛。

比尔正确地把握了房地产需求的发展趋势；他认识到自己能够提供财富 100 强企业所需要的服务也是正确的。他什么事情都把握得很好，但却忽视了这样的事实：大公司并不怎么信任小公司提供的服务。

"除了目标定位不合理，我没有任何失误。因此，我差不多荒废了一年的时间，徒劳无功。"比尔说，"即使大公司没有和你做生意的打算，他们也会和你交谈，因为他们有员工来做这样的事情。"

认识自己——身处谷底

得克萨斯州的地产市场在 20 世纪 90 年代蓬勃发展，到 1996 年，比尔的公司已经取得了不小的成就。但是此时，比尔却遭遇了人生的一大挫折——这一次是由他自己造成的，此事让他吸取了商业生涯乃至整个生命中最有价值的教训。

那是在科罗拉多（Colorddo）州，1996 年 7 月 5 日，比尔骑着新摩托车沿着阿斯本（Aspen）附近的一条公路疾驰而来。他想超过身旁的汽车，来一场惊险的游戏，谁想迎面来了车。为了避免和迎面而来的汽车相撞，比尔猛踩刹车，但随即被以每小时 60 英里的速度扔下了 30 英尺深的悬崖。巨大的碰撞折断了他的胳膊和右腿，他的脑袋被钢栅箍着，像塞进了铁桶里。

"这场事故极为惨烈，我几乎是九死一生。"

"我是真的感觉自己已经走到了生命的尽头。"比尔说，"那些以前对我而言很重要的事情——没有签署的租赁合同，没有达成的交易——已经没有任何关系。而我的家庭、我的孩子以及我死后留下的遗产，这些却变得异常重要。"

"然后我开始想念上帝。"他说，"我意识到，如果我死了，我甚至不知道自己会去向何方。"

大约 20 分钟之后，比尔听到了上方公路上传来的他的两个骑友的声音。觉察到自己有生还的可能，比尔支撑着自己那条没有受伤的腿艰难地往上爬。他终于爬上了山顶，但随即晕了过去。随后，比尔被火速送往医院，并接受了 19 个小时的外科手术。

第二天早晨，一名男护士用一段橡皮条在比尔缠满绷带的拳头上绑了一把小勺子，让比尔尝试着吃点东西。

"我开始明白发生了什么事情，然后大哭起来。"比尔说——那年他43 岁，"护士把我放在一个轮椅里，推着我到户外去呼吸新鲜空气。他把我放在一棵树下，然后留我一个人在那里。从这里正巧能看到隔壁，在那里，一群截瘫患者正在为他们日常的理疗而备受煎熬。"

"整整四个小时，我看到那些人挣扎着走出汽车，走进大楼。"比尔说，"这是我所见到的最可怜的聚会了。"

比尔，这位房产经纪人在一年的康复期里经历了 9 次手术。他大部分时间都待在床上，无法自己刷牙，也无法自己洗澡，甚至需要别人的帮助才能到达浴室。在那 12 个月里，扁平的不只是比尔的脊背，他的公司也趋于扁平化了。以前，比尔在公司里总是亲历亲为，但是没有他的领导，其他的人却提高了领导力。这家房地产服务公司原来垂直的组织结构变得扁平了。

在这个过程中，放弃了对公司方方面面的控制，比尔的身体和他的公司开始恢复和兴旺起来。

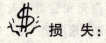 损　失：

对公司铁腕式的管理。

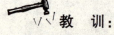 教　训：

飙车是个馊主意。

记得躺在床上的那些日子里，比尔总是盼望能够回去继续他的经纪业务。然而，这时公司里的每个人都进步巨大，以前那些总要他引导的人现在很清楚自己的工作，他的暂时离开已经赋予了员工主人翁的责任感。

"这件事情使我意识到，我不应该事无巨细，亲历亲为。事实证明，没有我的领导，公司发展得非常好。这令人羞于启齿，但却是一次非常有益的经历。"比尔说，"我学会了分派任务，因为我不得不这样做。如果找到了合适的人来做事，那么情况将会好很多。"

事情的改变还不止于此。比尔学会了知人善任，而不必像以前那样呼风唤雨，无所不能。找到了合适的人选，他就没有必要把全世界的重量都扛到自己的肩膀上了。

"我现在的职责是找出人们的优点。大多数人并不是很清楚地了解自己的优点是什么，我们通过一系列的测试来确定这些。我们从不基于面试情况来判断应聘者的综合素质，因为最好的应聘者也可能会在面试中出现犹豫或其他问题，而有些人却善于应付面试而缺乏能力。这时，仍有太多的公司谨遵陈规陋习，不敢裁汰不能胜任工作的员工，也不善于发现能人。"

比尔发掘新能人的步骤之一是找到房地产行业之外的其他领域的成功人士。他非常关注销售，他发现有些人具备他需要的能力，但却在工作中遭遇了收入的瓶颈。

"负面的影响是，你必须供养这些员工更长的时间，因为在他们具备生产力之前，可能需要很长的历练的时间。但是一旦成熟，他们就可能更快乐，对工作也会更加尽心。我曾在一年内花费 20 万美元来引进新人，而他们在一两年里就给我带来了 200 万美元的收入。"比尔说。

让我们也骑一次摩托车吧

没有什么教训能够像摩托车事故那样严重、那么大程度地改变比尔的生活。但是，对那些正在寻求投资合伙人的企业家来说，这场教训深有启示。

那是在 20 世纪 90 年代中期，经济状况刚刚开始好转。比尔选好了一处开发地点，却没有足够的资金来达成交易。他四处寻找，并最终找到了两个潜在的投资合伙人。

其中的一家公司具有良好的信誉记录，却很难打交道。他们没有给比尔很大的机会，因此资金成本非常高（在类似的房地产开发交易中，投资合伙人通常在开发完成后先取走自己的投资份额，然后同开发商分割剩余的利润）。

　　比尔又同另一家公司的主管洽谈，在协商进行到第 11 个小时的时候，他们终于松口答应给比尔更大的利润空间，但有一个附加条件——他们想获得无条件终止开发商行为的权利。比尔记得，这是发生在摩托车事故之前的事情，所以他笑着说不能找"撞车冲昏了头脑"的理由——他选择了给他更大利润空间的合伙人。细心的读者会发现，这里存在着一个很普遍的问题——比尔对这个投资合伙人没有作过任何背景调查。

　　"这是一个比较好的投资交易，我想没有人不希望这样做。"比尔说，"没想到的是，他们叫我们给他们进行培训，并且开始项目，但是随后他们又叫我们结束。"

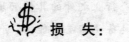 **损　失：**

200 万美元左右。

 **教　训：**

调查背景。调查背景。调查背景。

　　"我寻求资金而不是别的什么。如果通过熟人调查他们，我本来可以发现他们曾经欺骗过别人。"比尔说。

　　甚至问题出现之前就有过一些预兆。在第三次见面的时候，这个投资合伙人——已婚——邀请了他的女朋友来参加晚宴。

　　"如果你能欺骗你的伴侣，那么你也会欺骗别人。"比尔说，"我本应该知道这一点的。"

　　不过，比尔最终从飙车灾难中完全康复了过来，他也重新恢复了奋斗不息的风貌，而且现在他的腿脚和手都可以灵活使用了。

　　在重建公司和身体的过程中，比尔也重建了与儿女之间的关系，他们现在都在比尔的公司里工作。他还遇到了第二任妻子基利（Keely），并且卖掉了摩托车。

　　此外，他还同上帝深化了精神上的交流，现在他经常说是上帝的意旨引领他经营企业。

问　题：

关于你的目标市场你知道多少呢？应对这样的市场，你的公司在规模、资金和有效提供产品方面的定位准确吗？

你是否能在几个潜在的投资合伙人之间做出选择？他们在为人或者专业方面是否具有魅力，使你可以自豪地同他们合作？

第 二 编

雇员：不可避免的麻烦？

米歇尔·莱蒙斯—波斯坦

姓　名：米歇尔·莱蒙斯—波斯坦

（Michelle Lemmons-Poscente，Ine.）

公　司：国际演讲者协会

（International Speakers Bureau，ISB）

行　业：演讲者协会

年收入：900 万美元

米歇尔在成功创办自己的企业的过程中犯过很多错误。她的志向是
建立一个国际性演讲机构，培养专业演讲者以及大型会议或活动的主持
人等。这是一个很有发展前景的企业。

成功的企业家都有一种共同的观念，那就是认为别人也都会和自己
一样，对待工作兢兢业业、任劳任怨。只有几经周折，付出高昂代价之
后，他们才会意识到自己的想法完全是错误的。在经历了这些之后，米
歇尔还认识到，企业在很小的时候如果遭遇危机，他们所采用的很多临
时性措施根本无济于事。

米歇尔说："我总是认为别人都和我的想法一样，会竭尽所能地做
好事情，并且会全心全意地为我们共同的目标而考虑。"通过一些事情，
米歇尔得到了一个教训：在处理事情时，必须采用书面形式，以清晰的
文字来呈现。

举个例子来说吧。起初，米歇尔公司里的大部分员工大都来自生意
伙伴的介绍，或者是她的一些朋友。他们的受雇只是通过一次简单的握
手和一些例行公事的检查而已。这种雇用方式未尝不可，但只适用于企
业特别小、员工数量不超过 15 人的情况。

但是后来，当米歇尔开始对员工的背景以及荣誉史展开调查时，问
题却发生在了那些我们通常认为最可靠、最好的人身上。

米歇尔说："我们的负责人招聘了一位女簿记员。刚开始，她做得
特别出色，因此我们决定让她管理我的私人账户，包括我和我丈夫共有

的银行账户。偶尔，我们会在银行结算单上看到从 ATM 机上这儿取 100、那儿取 200 的记录，但我们对此并未多想。因为我和丈夫出差频繁，所以都认为是对方把钱取走了。

我们感到不可理解的是：这个簿记员简单地利用管理米歇尔账户的机会，运用联机的方式把自己的借记卡绑定在米歇尔的私人账户上。而自从这位簿记员全权负责管理米歇尔的私人账户之后，再也没有其他财务人员过问此事。

对于米歇尔来说幸运的是，由于来自不同人员的异议，使她不得不让那位簿记员离开了企业。尽管那位簿记员管理账簿非常出色，但她有些拖拉，而且总是因病告假。一个月之后，新的簿记员发现了米歇尔账户上共达 7500 美元的出入。米歇尔起诉了前任簿记员，与她对簿公堂，挽回了自己的损失。由此，米歇尔总结出了一条深刻的教训：不能让狐狸照看鸡窝。你必须做自己账簿的最终管理人。

再看另外一个例子。米歇尔想把自己的演讲者机构放到网上，她需要建立一个动态网站，这个网站要能够全面反映她的公司的整个创建过程，并配合公司的营销业务。像许多企业家那样，米歇尔专心致志地投入到这项工作中。但她不知道如何开始，第一步该做什么。她以为只要找到一位高资历的顾问，就能使她如愿以偿。又一次，她通过朋友的举荐，聘到了一位顾问。米歇尔略述了自己的想法之后，便即刻让他投入工作。没有提供思路，没有设计要点，甚至连一份书面契约都没有，一切就展开了。对于 100 美元的投资，这种做法或许可行；可是对于一个初步成功的发展中企业的一项重大决策来说，岂可如此轻率？

说实话，假如那位高资历顾问能够把米歇尔的企业当成自己的一样谨慎从事，米歇尔也会毫无异议地支付所有开支，可能等待米歇尔的仍然是一个永远无法成为现实的网站，或者说要完全实现她的预想基本没有可能。事实上，即便这位顾问不负所望，开发出了适合米歇尔的全面营销计划的网站，那么它和米歇尔的付出相比也不是等值的。米歇尔后来才认识到了这一点。

米歇尔说："我近乎盲目地投资，扔进去 18 万美元。即使他实现了我的预想，那么这项投资也是得不偿失。我们需要一个网站，仅仅是让它配合我们公司的全面营销计划，而不能喧宾夺主。"

米歇尔所犯的另一个错误是仅凭口头协议就进人的雇用方式。米歇尔总是喜欢主观设想别人应该是这样、应该是那样，并不在意那些微末的现象。这种做法给公司的工作埋下了隐患，四次失败的雇用经历像四把利剑悬于米歇尔身后。也许这就是企业家乐观主义的代价吧！

这些事情过后不久，ISB公司开创了极其繁荣稳定的局面。就在这个形势良好的时期，米歇尔又把精力投入到另一家姊妹企业——新型的连锁公司Mentorium之中。米歇尔致力于创办新企业Mentorium的同时，又收到了来自ISB的赢利捷报以及其他一些令人满意的讯息。一个企业空前兴盛，另一个也在顺利策划阶段，还有什么比这更令人欢欣鼓舞的呢！谁知，"福兮祸所倚"，此时或许已经有几把利刃对准了米歇尔的后背。

一天，米歇尔正专心致志地做着Mentorium的策划，突然被一位ISB的老员工打断了。这位老员工来是要告诉米歇尔，他已与ISB的其他三位同事共同创建了自己的企业，要与ISB一争高下。

犹如当头一棒，米歇尔没有任何准备，怎能经得起这突如其来的打击？她不知所措。在调整情绪之后，她仔细查问了整个事情的来龙去脉。参与此事的还有米歇尔的两名销售人员和她的会计，他们在工作中逐渐成了生活上的朋友。此外，他们猜测米歇尔已经不再关注ISB的发展，而是把精力和时间全部投入到了Mentorium中。他们很快达成了共识，于是决定应该找一份比ISB更好的事情来做。

从那以后，ISB的局面开始恶化了。米歇尔不得不聘请了律师。米歇尔的诉讼失败了，公司拿不出雇用协议，因而法庭认为公司与员工之间不存在竞业回避的问题。很显然，这四个叛逆员工已经把有关他们的人事档案文件偷走了。

米歇尔在公司成立之时与员工签订了雇用协议，这是明智之举。可是，她没有备份这些文件，因此她无法证明这四个人曾受雇于她。十分幸运的是，米歇尔得到了法庭指派的计算机专家的帮助，他们修复了被删除的文件和他们四个人犯罪的证据。那四个人最终得到了应有的惩罚，米歇尔接收了他们的新公司。

之后，米歇尔关闭了Mentorium。她把自己的办公室搬回了ISB的销售部，她要让全公司的人体会到自己对ISB坚定不移的决心和ISB必

胜的信念。她再次对公司的主营业务进行策划，使 ISB 得以继续发展和
壮大。

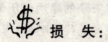 损　失：

最近的这次背叛和恶性竞争，至少使 ISB 损失了 100 万美元。这四
个人如同四把利刃，从背后把米歇尔的衣服戳了四个洞（当然，这只是
精神上的）。

 教　训：

让一切都具备正规程序，每周一重复两遍。

这样的强调或许还不够。似乎每位企业家都曾因忽视这类问题而
招致各种各样的人事冲突。

按照正规的程序招聘。

即使受雇用的是你的大学同学、战友、师姐、亲戚等，也还是要
通过正规的招聘程序，并且要将重要事宜以书面材料呈现，包括：受
雇人的背景调查，一次正规的面试，犯罪史和荣誉史调查，以及其他
证明材料的检查。

一般来说，大公司都有正规的雇用程序，而那些刚刚成立的规模
不大的公司就比较随便了。这好像是两者之间必然的不同之处。因
而，就算某些小公司有足够的财力和处理人事问题的法律顾问，这些
小企业的老板也不会像大公司那样去做。

要确保得到包含竞业回避内容的书面协议，然后妥善保存起来，
放到员工拿不到的地方。

和员工保持密切联系。

和你的员工保持密切的联系。如果你的公司发展壮大了，已经无
法实现"一对一"的沟通，那就需要制定出一套程序，以确保员工知
道你没有脱离公司。米歇尔就是在不经意间成了员工眼中的"缺席的
老板"。对于她而言，把精力投入到 Mentorium 的策划中可能是一件
很愉快的事情，但她同时还应该安排一个资深的代理人，能像她一

样，全心全意为 ISB 付出。毫无疑问，通用汽车公司的总裁不可能每天早晨等着和每一位获得勋章的人握手，关键是要制定一套程序，能够传达信息，让员工体会到你一直在关注着公司；委托可以信赖的老员工代理你的职务，带动起其他员工的工作热情。

一般来说，当公司由 5 个人增加至 10 个人时，还比较便于管理的。此时的企业管理者可以经常深入员工内部，和每一位员工充分接触。当公司从 15 人增至 30 人时，要做到和每位员工保持密切联系就不可能了，那时就该制定合理的制度了。

把所有的事情都记录下来。

如果你是个小孩，或者双方并不涉及金钱上的交易，那么握手就可以算作一种契约。在现实生活中，如果哪些事情对你具有决定性的作用，不妨将它们记录下来；还有些事情，嘴上、心里重复多少遍也还不够的时候，也要记录下来。米歇尔对她的网络顾问就未能做到这一点，她既没有拿到网站设计方案，也没有拿到明确的书面报价；她甚至没有说明自己的设想和期待的结果，更没有界定一个最高的投资范围。

查账和结算。

不应该完全信赖一个人去管理你的账户，无论是私人的还是公司的，至少应该让两个人共同掌管。你要考察两者的账目有无出入，而且必须去核查那些未经你批准的款项的支出记录。

正确辨识财务人员中的家贼。

要做到这一点，必须掌握谁对应地管理着哪些账户，只有依据这些信息才能作出正确辨识。账户管理员或簿记员必然会掌握一些机密信息，对他们应该给予必要的信任和支持。但是，当你核查自己的银行账户时，是否能够确认负责哪个账户的财务人员不在现场，但却把信用卡或借记卡绑定在了你个人或公司的账户上？

要界定最高投资额度。

即使米歇尔实现了自己的设想，创建了她计划中的网站，她对网络顾问的那项支出可能也是不值得的。

米歇尔说："现在，当我要投资某些新项目时，我会界定最高的投资额度，如果支出达到了这个界限却不能实现我的设想，那么我会选择放弃。"

米歇尔就像《圣经》里的人物，以极度的耐性和宽容去对待那些企图从她身上获得利益的人。也正因为她这样的个性，问题才有机会暴露出来，使她遭遇了损失，换得了教训，并铭记在心。如今，她的事业赢得了前所未有的成功与辉煌。毋庸置疑，她完全采取了正规化的管理模式，从人事到财务审计，样样如此。她是真正体会到了那句谚语的真谛："吃一堑，长一智。"

 问　题：

你会全面仔细地核实雇员或者主要供货商的背景吗？

你会要求销售人员和其他主要管理人员签订有包含竞业回避内容的雇用协议吗？

　　招聘员工不能随随便便，要按照正规的程序进行，这样才能招致人才，避免麻烦。

玛里琳·莫布利

姓　　名：玛里琳·莫布利
　　　　　（Marilynn Mobley）
公　　司：橡实咨询有限公司
　　　　　（Acorn Consulting Group，Inc.）
行　　业：公关咨询（PR Consulting）
年收入：不可预计

　　玛里琳·莫布利曾是一位专业传媒工作者，积累了 20 年的成功经验之后，她创建了"橡实咨询有限公司"。她做过新闻记者，在 IBM 公司担任过资深媒体公关经理，在企业界和传媒领域都建立了良好的社会关系。橡实咨询有限公司的诞生就有赖于这些关系。玛里琳的这家"一人式家庭办公"公司的主要业务是为委托人提供公共关系的服务。由于成果显著，她很快就赢得了更多寻求服务的客户，业务非常繁忙。

　　玛里琳说："我已经疲于对别人说'不'了。我在想，如果我能够复制自己该多好，这样就可以更多地帮助一些客户，还能增加收入。我想超越最初的想法，开展自己的事业。"

　　她的想法很简单，听起来像是纸上谈兵：雇用条件合适的员工，支付固定的薪水，只是员工要在自己的家里工作，以节省办公场地费用。受雇者像玛里琳一样给客户提供服务，薪水按一般雇员年薪的三倍给付——这是公共关系行业标准的工资支付比率。

　　就在那时，玛里琳已经想到了一个合适的人选——凯蒂（Katie）*。凯蒂曾在 IBM 公司做实习生，给玛里琳做过助手，负责通讯工作。虽然凯蒂结束实习之后不再归玛里琳领导，但她们之间早已相互了解并建立了友谊。玛里琳以 6 万美元的年薪聘用了凯蒂——这与玛里琳在 IBM 拿的薪水相同，此外她还给凯蒂提供了装备家庭办公室设备的费用，以

---

* 因属个人隐私，这里用的是化名。——著者

及用于培训学习和交流研讨的开支。

玛里琳说："我的目的是让她为那些慕名而来寻求帮助的新客户提供服务。她具备这方面的知识和技能，我很清楚凯蒂的价值所在。当然，从另一方面讲，我并不知道她有什么不足之处，或许我正是该为此付出的代价吧。"

不到半年，问题便暴露出来，客户们纷纷投诉凯蒂有负所托，所有计划都没有实现。凯蒂无法兑现承诺、维护客户的现实，都证明她缺乏训练，能力尚有欠缺。

玛里琳起初认为这种情况是可以调整好的，她觉得首先应该让凯蒂充分认识自己未能尽职的后果。玛里琳把客户的反映以及履行承诺的重要性和必要性一一向凯蒂作了深入的阐述，凯蒂也向玛里琳保证要提高自己的业务水平。

时间过了很久，凯蒂也没有做到她对玛里琳所保证的。公司开始快速地失去客户和收入，其速度超过了股票经纪人推动世通公司①滑坡。玛里琳开始接手凯蒂的业务，她无偿地为留下来的客户提供服务；同时，她相信凯蒂工作经验不足的缺陷可以得到改进。在这个过程中，玛里琳意识到了此事给自己的声誉所带来的更为严重的损害，财政状况陷入了困境。玛里琳停发了自己四个月的薪水，而凯蒂却一次也没有。

几经尝试去帮助和改进凯蒂之后，玛里琳最终认识到：必须中止这种做法，以减轻自己的经济损失和财政负担。

"那时我真觉得不知怎么做才好，事情很难办，我们已经做了很久的朋友了。我告诉她我很抱歉，但是没有办法，她实在是无法胜任这份工作。"

经过很长一段时间的努力，再三考虑之后，玛里琳让凯蒂离开了。此时，公司的生意急转直下，退步到了颇为尴尬的境地。这个时候，玛里琳确实意识到自己必须改变生意模式了。她把精力主要集中在为客户提供战略咨询，而不是过去那种耗时很长的策略实施上。她的咨询工作由此找到了恰当的定位，收入不断增长。今天，她的这家一人店取得了相当可观的成绩，一些全球 500 强公司都成了她的客户，寻求战略咨

---

① 世通（Word Com）：美国第二大长途电信运营商，2000 年 9 月与 Intermedia 合并。

询。仅她所得到的预付金就远远超过了过去她作为公共关系代表整个项目的全部费用。

而这些，正是玛里琳一直以来追求的目标。

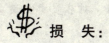 **损　失：**

大约 25 万美元，主要用于薪水支付、设备开支、保险费、训练费用，还有流失的客户、机会以及用于挽救业务关系所花费的时间。

 **教　训：**

不能希望谁都拥有企业家的素质。

有些人具备企业家的工作态度，有些人则没有。不过，如果企业家的潜意识在某个人身上存在，那么"企业家式的态度"是可以教会、可以培养出来的。玛里琳在凯蒂这件事上做得过于简单了。她把凯蒂从一个朝九晚五的企业里带出来——给了她足够稳固的工作保障，她希望凯蒂能够像那些有着强烈事业心的人一样，严格自律，积极进取，但却事与愿违了。

"凯蒂从来没有尝到过饥饿的危机感，她每两周就可以准时领到薪水，根本不知道没有这一切会怎样。当我把她带出来时，我错误地认为：她是我的朋友，曾经与我一起共事，因此一定会竭尽全力经营我的事业。但事实上，没有任何一个人能像你自己一样在乎你自己的事业。她说她努力了，但最后不管工作做成什么样，是否努力了，她都可以拿到薪水。"

凯蒂也该知道，玛里琳应该用一种积极的、与业绩挂钩的方式来支付薪水，激发培养企业家式的工作精神。

别让友情妨碍判断。

玛里琳从来没有向凯蒂在 IBM 时的经理询问过任何事情，也从没有直截了当地询问过凯蒂在那里的业绩。她从不过问一点儿凯蒂不想让人知道的事情。

"凯蒂适合在一个管理完善的大公司里工作，有上司的指导，有管理对她约束。我喜欢她，可她缺乏某种职业素养——她拥有必要的知识和技能，但太懒散。我有意让自己忽略了这些，感情和友情已使我失去了应有的理智。"

无论公司多么小，雇主都必须以和大公司一样的方式对待雇员——冷静、客观、公平。缺少了这些，对公司、对雇员都会造成损害。

雇员的背景一定要核查，在这里就不过分强调了。每个人都懂得，也可能夸大自己，或多或少地往脸上贴金，或者隐藏些什么。

在当今这样凡事动辄诉诸公堂的时代，通常很难获得雇员的真实材料，因此应该使用一些积极的措施。玛里琳熟悉的另一家公司的经理，很有一套维护她的老板的方法。她总是在招聘几小时之后故意留言给新雇员的前任老板，以征询的方式提出雇用此人的几点顾虑。如果前任老板对此人评价很高，那么他 24 小时之内一定会作出回复；如果情况相反，那么回复会在 24 小时之后，或者根本不回复。

雇员的个人资料必须核实。当受雇者没有相关资料记录时，仅凭他（她）个人口说"我能遵守规定约束自己"，这是远远不够的。受雇者的性格特点必须要符合应聘岗位的要求。

不能为了增长而增加。

对于企业发展来说，没有哪一个模式是万能的，放哪儿都灵。无论是获得更多的客户，还是雇用更多的员工，这些都不是提高收益的唯一办法。

重复常见的企业模式，使玛里琳的收益受到了很大损失；腾出时间专注于战略咨询，让玛里琳的收益及客户群迅速发展壮大起来。

不要过分自信。

在玛里琳的商务生涯中，无论是起初的创业，还是后来的事业拓展，她都给雇员提供了一种安全无忧的环境，而且让无须忧虑的想法渗透到了他们的意识中。收入大量减少、财政出现危机时，玛里琳居然还坚信这样的情况是暂时的、可以改变的。

不是每一种情况最终都能如你所愿、顺着你的思路去发展的。在企业运营过程中，如果问题已经显露，那么为了最初的设想而坚持原

有计划的人就不是一个合格的企业领导了。只有适应现实情况，灵活
应变，才是成功的关键。

 问 题：

你在雇用一位没有经验的雇员之前，可曾深思熟虑过？

对于新雇用员工的优点和弱点，你可曾认真做过评估，以确保不会
拿一个圆楔子去堵方洞？

蒂姆·巴顿

姓　名：蒂姆·巴顿
　　　　（Tim Barton）
公　司：Freightquote. com
行　业：海上货运日程安排
年收入：670 万美元

蒂姆·巴顿是一位让人一看就会产生嫉妒的成功企业家。不过，事情并不像表面看到的那么简单，一夜成名的背后实际上总有着多年艰辛的努力。但巴顿的成功轨迹确实让人觉得不可思议。他在自己并不熟悉的领域中，用小小的投资就赚取了数百万美元。

蒂姆·巴顿在芝加哥送报时就有很多生意上的想法。1890 年当蒂姆快毕业时，他就和几个大学同学创办了一家电信公司，这是他的第一个公司。从 1990 年到 1996 年，这家公司的年收入达到了 220 万美元。他们在不断推广自己的业务，营业额得到了更快的增长。1996 年，当蒂姆·巴顿 30 岁时，他们卖掉了这家公司，售价高达 2400 万美元。

蒂姆花费数月的时间来构思新蓝图。这时的他已经拥有了创建、运营新公司所需的资金。他发现，货运业的现行情况与 20 世纪 50 年代没有太大差别。

他说："我听许多人谈到货运业时，大家都觉得情况太糟糕了——还在使用传统的电话和传真。我对这个行业毫无经验，我只熟悉我的专业——电信和网络。"

正如有人说过的："勇于奋斗就能成功。"蒂姆打算用他熟悉的杠杆撬动货运业老旧的轮子。

蒂姆于 1998 年创建了网站——Freightquote. com。公司使用最尖端的技术来为顾客服务。网站提供了一个目录，列出了很多家运输公司的信息。网站省去了货运业原有的讨价还价的过程，提供了实时的货运金额等级标准：零担、整车，速递、正常运输，同城运输、异地城市间运输，等等，一目了然，省时省力。

网站为运输公司提供了一个平台：一旦运输公司在网站注册，就会上传具体信息——始发地、目的地、重量和分类，系统会将所有信息公布在网上，供客户选择。网站更可以简化原有的货运程序，自动提供货运文件，记录每周业务，并提供在线查询。

公司现有 160 名员工。年收入也很惊人：1999 年为 10 万美元；2000 年增长到 155 万美元；一年后又增长到 330 万美元；2002 年更是突破了 600 万美元。

事实上，这样的增长速度也是有代价的。其中一个代价在人力资源方面，还有就是当你不得不裁掉一些对公司发展有过贡献的员工时所承受的精神代价。

蒂姆讲了这样一件事。在公司刚开始运作时，一些很优秀的员工帮助公司走上了轨道。但当公司改变运营方向和范围时，并不是"开国功臣"就一定适合留下来。

"公司创建之初，你身边可能会有一个看上去什么都能打理却不怎么精通的人——他能使你感到有所依靠，而你也确实需要这样一个人。"蒂姆说，"但当各方面的业务不断增加时，最终你需要许多人来分别负责各方面的事务，那么你很快就会拿掉原来那个帮手身上所有的工作，这样他几乎就没有什么事情可做了。"

这个道理在管理方面也是一样的。比如一个人在管理 10～20 人的企业时可能很在行，但一旦企业发展到 50～100 人时可能就无法胜任了。在这一点上，蒂姆表示，企业家自己可能很难意识到原本得心应手的员工不再适合待在现在的岗位上了；否则，不仅自己不能胜任，还会影响他人。

"你个人认为这个人很忠诚，而且公司曾在他的帮助下发展得很好。但事实上，股东希望你做的恰恰是将你的这个功臣从公司拿掉。而且如果你也希望公司继续发展壮大，那你也就不能把公司束缚在原有有限的员工身上。"蒂姆说。

就这一点而言，不仅适用于员工，同样也适用于合作伙伴。在原来的电信公司里，蒂姆有很多合作伙伴，都曾是大学里的朋友。当公司发展到拥有几百万美元的业务时，他清楚地认识到，这些合作伙伴已经不再适合了。但由于公司是他和这些朋友共同创建的，所以很难让哪个人离开。毕竟，将一位老朋友开除是件很尴尬的事情，何况还会有一些朋友留在公司。如果那样做了，这位企业家还能拥有原有的朋友圈子吗？

新公司的情况有所不同，蒂姆在这里拥有特殊的地位——发起人和股东。蒂姆清楚地意识到，在新公司里他不会有任何合作伙伴，有的只是一些投资人。所有的员工和管理人员都可以聘用（一旦不满意就可以解聘）。如果要是再有什么合作伙伴的话，那就不得不让他永远留在公司里，非常棘手。

企业要发展壮大，就要面对挑战和抉择。"其中一个问题就是，当你发现公司不需要某个人时，你可能会拖延6～9个月才解雇他。因为在种程度上来说，你觉得自己能调理好他，同时你也想做一个好的雇主。"蒂姆说，"但最终你发现，不解雇他，事情就会变得越来越糟，而且你也看不出什么明显的症结来。"蒂姆已经遇到过很多次这样的情况了，有时也会失误。

蒂姆遇到的第一个问题，出现在公司的第二名员工身上。"我觉得他是个似乎什么都懂的人，我的确也需要这样的人。"蒂姆说，"前几个月，我让他熟悉各种工作，最后他得到了其中的一个岗位。然而，他却不喜欢这个岗位。他总是试着去做别人的工作，这样就使公司变得有些混乱起来。"

与上面情况类似的还有，蒂姆雇用一名IT员工的时间过长。这名员工是公司成立后聘用的第三名员工。他在IT领域专业是个天才，可以说是IT专家；但他并不是一个合格的IT经理。

在公司发展期间，他管理着整个公司的IT人员。他不具备任何管理能力，仅仅拥有资历和天赋。当公司从外部引进新的专业管理理念时，他所领导的IT部门的情况就变得混乱不堪了。让管理人员变回普通员工是很难的；从另一方面来说，老资格的员工也会被新的管理者忽视。蒂姆在合同期满后几个月解雇了他。

蒂姆遇到的第三个糟糕情况是他认识的一个关系户。这是一个从他原来的电信公司调来的人。在公司刚刚起步时，她还能胜任自己的工作——在考勤表上制作一些3厘米×5厘米的索引卡，这并不需要什么管理能力。但当公司发展到100多名员工时，慢慢地，她变成了人事总监，问题就显露出来了。

　　"我试着说服这个人让出位置来，我也知道公司需要一个更好的管理人员。"蒂姆说，"但她不离开。而我又不能对她说：'你的管理工作做得不错，但你现在有新领导了'，这话实在不好说。所以，等到她工作上出了一些纰漏时，我立刻将她从原来的位置上拿了下来。"

　　后来，蒂姆吸取了教训。他认识到：对于不称职的员工，要在事情变得糟糕、不得不赶走他之前，就果断地解决问题。

　　现在的蒂姆在雇用员工以及选择合伙企业方面更注重务实、直接的方法。他现在每半年或一年就会毫不犹豫地给公司注入新鲜的血液，公司充满了活力。

 损　失：

　　紧紧抓住老员工，这样做的弊端是会减缓公司发展的速度，甚至使公司停滞不前。虽然这并不一定体现在公司财务数字上，但雇用方面的错误可能无形地让蒂姆损失了数十万元。

　　教　训：

这不是个人问题，而是企业的问题。

　　朋友归朋友，生意归生意，这两码事不能混在一起。如果你希望公司发展，而不是维持现状，那么就不能被感情所束缚而罔顾公司利益，自欺欺人。如果你竭力维护对公司发展不再有贡献的老员工，那就会无形中伤害其他员工的感情，损失巨大。

你不能强求别人做力不能及的事。

　　所有的行业都一样，在公司建立之初员工就该知道：自己在这个岗位上不可能稳如磐石，一旦自己的能力跟不上公司的发展步伐，就该让贤，公司也不会给你留着这个位子。这一点适用于公司发展的每一个阶段——这种管理方式能使公司充满活力，防止公司停滞不前。不按照企业发展的需要更换主要员工的机会成本是很大的。

　　蒂姆说："我认为企业家最应该做的一件事就是：每年都对在职人员进行考核。让你的员工意识到不应该贪图享受，公司需要不断发展。"

　　如果你希望公司安于现状，不求发展，那么持续稳定的雇用方式就很适用。

　　蒂姆说："你如果打算找一个中介来为你介绍管理人员，那么一定要明确：发展中的公司和成熟稳定的公司所需要的员工是不同的。"

　　要诚实地预先告知员工他应聘的这个岗位不一定是稳固的，也要宽宏大量地对待被解雇的员工，这将减轻你的心里负罪感。

 问　题：

　　你有远见吗？如果你的事业发展迅猛，那么你雇用员工的新方法能够适用 3～5 年吗？

黛安娜·帕特森

姓　名：黛安娜·帕特森

　　　　（Dianne Patterson）

公　司：理赔服务中心

　　　　Claim Services Resource Group. Inc

行　业：保险理赔

年收入：600 万美元

　　有许多关于黛安娜·帕特森的故事，这些故事在外行看来都很反常。她原本应该在毕业后成为艺术工作者，然而却创建了数百万资产的保险理赔公司；她的性格特质测试表明，她与标准的 CEO 类型恰恰相反；她身边的一些管理人员与她一同创建公司，然而两种截然相反的管理方式却成了她最大的挑战。

　　也是，如果成为企业家都遵循一套特有的定律，我们看到的将是人人都能成为企业家，身边的企业家要比普通人还多。

　　黛安娜在得克萨斯州北部的一所大学攻读艺术专业，在那里她找到了一生中的爱人唐（Don），并和他结了婚。为了能够自费读完大学，她在课余代理一些健康保险方面的理赔案件——这是在家赚钱的好办法。毕业后，她在达拉斯学区找到了一份工作。

　　一星期后，她递交了辞呈。

　　黛安娜说："我不明白他们让我做的事情，仅此而已。"

　　这时的黛安娜知道了什么是失业。之后，她在安盛公平人寿保险公司（Equitable Insurance）找到了一份工作。她在这方面更像是位行家，有三个想进入保险理赔事务代理行业的人邀请她成为他们的第三方代表。

　　这个企业的环境为她将来的事业打下了基础。这里没有一个唯一的尺度，因为这类工作是周期性的。她发现，这类公司不停地雇用和解雇员工，这样就使公司要不停地处理遗留下来的事务。这时她产生了创办公司的想法。她没有把想法搁置起来，而是开始付诸行动了。

"由于经常性的雇用和裁员，使公司时刻都处于内忧外患的境地，所以我提出要保留一些核心业务骨干的想法。我也想到了要整合一批临时雇员，让他们兼职。"黛安娜说，"我构思了一个可以平衡各种类型的员工的方案，假如一年到头的工作量都很大的话。"

这个方案很成功。其他保险公司也开始争相聘用她的临时兼职雇员。黛安娜在管理方面的能力已经初露锋芒了。事情如果平稳地发展下去，她有可能成为大型保险公司成功的中层管理人员。

但生活发生了转折。1980年，公司业绩显现下滑趋势，黛安娜的经纪人要求她解雇她的手下雇员。她对裁员的事并不感到担忧，只是她觉得自己已经建立了一支实力很强的业务团队，而业务在任何企业中都是重中之重。在别人看来，裁员只是"减少支出"，但她认为这样会毁坏了整个有价值的业务团队。

黛安娜请了几天假，仅仅是为了思考一段时间以来总是出现在她脑海里的一些想法。她希望能够保留她的队伍（核心业务人员和部分临时员工），让这些人组成自己的公司来为市场需求服务。

"我最开始的想法是：成立凯利健康保险理赔公司（Kelly Service of health claims）。在请假期间，我拜访了两三家公司，向他们说明了我的想法，希望可以让我的员工来帮他们处理那些棘手的案子。这三家公司都跟我签了合同。"黛安娜说，"于是我返回工作岗位提出了辞职，第二天就成立了自己的公司。当时命名为达拉斯理赔公司（Dallas Claims Services），后来更名为理赔服务中心（Claim Services Resource Group）。"

虽然起步时只是一家小公司，经营范围也只限于当地，但黛安娜很快就意识到了公司有扩大服务范围的潜力。就这样，公司业务范围从当地小城发展到全州，一直到全国闻名。由于公司刚成立时，员工都是一些经过正式培训的人，后来又增加了一些外聘人员对理赔案件进行数据整理，所以公司的赢利情况非常可观。在黛安娜的带领下，公司收入从1980年的5.7万美元发展到2001年的6500万美元。

"每当产业前景有所变化，我们就需要对职业技能提出新的要求。我们所能做的就是向有限的用户群提出新的服务方案。这使我们不断进步，持续发展。我们每几年就根据市场需要做一次全面的业务改进。"

黛安娜说。

黛安娜进一步指出：服务行业的企业家需要管理三件事：观念、金钱和人才。

"到目前为止，我发现三点之中最难管理的是人才。"黛安娜说，"对公司职员来说，最重要的一点是：你的本领可以让你得到你现在的职位，但你能保持这种状况吗？这样的本领能适应更高要求吗？"

黛安娜很赞成企业家们都信赖的一句话：对不称职或没有存在必要的员工越早解聘越好。

"我会在一开始就告诉员工，如果谁不适应我们公司的文化，我会在第一时间解雇他。"黛安娜说，"我遇到的问题是：虽然他（她）能胜任工作，但把他（她）留在这个位置上的时间过长了。"

进入 20 世纪 90 年代初期，公司不仅服务多样化了，而且业务量也不断增加，这超出了 20 世纪 80 年代那些管理人员的能力。

"这是一个很大的转变，管理方式从管理临时兼职人员转变为员工要在你全天候的支持下形成自我管理体系。"黛安娜说，"但你不能让资深员工对你说：'我已经没法干下去了。我需要你的帮助。我需要有人来监督我的工作。'"

当公司年收入达到 300 万美元时，有两个女人对公司而言就不适合了，她们是珍妮特（Jenet）和萨莉（Sally）*。当公司业务收入还在 200 万美元的时候，她们的工作表现还很不错；在那之后，她们的弱点开始暴露。黛安娜说："我们在建立新管理系统上花费不菲。新的佩洛特系统（Perot System）可以帮助处理更多客户的理赔案件。她们能在这个系统下接待客户，但却缺乏寻找新客户的能力。"

"她们一再保证说会有新客户，但是却没有。"黛安娜说，"情况出现了危机。公司现有不到 500 名员工，而且都是长期合同。如果他们不在工作中全力以赴，我们就无法应付正常开支。如果只尽一半的力量，甚至只出四分之一的力量，那么我就会突然觉得这么多员工却只有一丁点儿作用，而原本员工是应该大有作用的。谢天谢地，公司最后摆脱了业绩螺旋下滑的趋势。"

_____

* 因属个人隐私，这里用的都是化名。——著者

黛安娜说，她的勇气在于能够面对现实，承认公司危机的真正根源，但是她无法缩小问题的影响范围。她的第一个解决方案是使营销人员专业化。珍妮特和萨利是公司的元老，原计划是让她们主管营销和售后服务中心。但她们没有专业的知识背景，不知道如何在一年内让公司业绩达到 3000 万美元。无奈之下，黛安娜只好从 EDS（得克萨斯州的美国电子数据系统公司）找了两位有经验的专业营销人员。

"这两位营销人员的进入使公司很快走上了赢利的轨道。但与此同时，又一个棘手的问题出现了——公司的核心管理层开始不团结了。"黛安娜说，"新来的两位营销人员曾就职于一个很专业的管理机构，比较而言，我的公司的管理层有些思想狭隘。"

因此，当黛安娜试图让核心管理层团结起来时，珍妮特和萨利这两位元老似乎是故意做出了一些不符合身份的事情——开始用各种小动作破坏两位新营销人员带领的团队。

珍妮特和萨利变得非常排外。她们"积极"地破坏新的营销队伍。从 EDS 来的两位营销人员总能签回大额合同，但她们俩却只满足于现有的客户，天天坐吃老本，也没有手下可以带回新的客户资源。

两年后，公司的合同量增长了 60%，这个数额对于原有销售人员来说是个巨大的打击。

我不得不解雇珍妮特，由我自己接管她所带领的人员及客户，进行过渡性管理。我们有很专业的管理系统，可以实时看到并管理每一份合同，不错过任何营销信息。这样一来，我们就能让员工更多地签约；而一旦营销人员遇到机会，我们也可以及时为他们提供必要的技术支持。只有将员工和营销业绩结合起来，问题才能得到解决。

再就是服务问题。销售业绩猛增，黛安娜和公司首席执行官们最终平衡好了员工配备和营销的统一关系。在这种情况下，萨利又对公司造成了无形的影响和危害，最终影响到了销售。

"我们建立了客户服务标准。要实施管理，就应该在服务上有一定的标准，确保服务质量和水准。"黛安娜解释说，"我们的售后人员在外处理客户问题时，服务工作的对象是客户，这样我们就要保证介绍有资格的员工为他们提供服务——让客户来监督我们的服务人员。在客户服务中心，我们必须保证有质有量地完成工作。"

服务好坏对公司的利益影响巨大。好的服务可以使公司的收入从300万美元发展为600万美元；而服务较差的话，也可能会降为150万美元。

"专业的服务系统开始运行，我们可以实时监控每个员工的工作情况，可以看到我们在哪个方面还有欠缺。这个时候，萨利无法在自动化管理方面作出适当的反应——她不适应这种管理。公司实施专业化管理后，萨利勉强做了首席执行官的助手。我虽然可以在工作上帮助她，但这会使她失去信心。最终，她在这个自认为其他人也都无法胜任的岗位上辞了职。"

几年后，公司销售业绩达到了650万美元的高峰，是佩洛特系统成就了理赔服务中心。黛安娜和唐现在有时住在加利福尼亚的卡梅尔（Carmel）小镇，有时住在达拉斯。他们生活得很好。

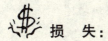 损　失：

在3～4年间，因珍妮特和萨利这两个元老给公司造成的损失高达150万美元左右。

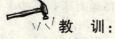 教　训：

定期检查——不要生病了才去看医生。

黛安娜的公司也跟其他公司一样，在公司发展初期经历过困难。公司收入之所以能直线上升，从第一年的10万美元发展到15年后的300万美元，是因为公司能够在保险产业发生变化时适时调整服务方式。黛安娜从来不会因为要对公司运作作出整体调整而感到烦恼。

当公司人员从6个发展到8个时，你的经营方式就需要做些调整。

"我有时会外聘一些顾问。我经常告诉他们公司出现的问题。我会让他们对公司的情况做整体分析——哪些对公司有益，哪些没有。很幸运，我的公司的问题是相继出现的，而不是一次性全面爆发。"

别跟总是踩到你脚的人跳舞。

一个员工不再适合工作时，你对此有三种解决方案：

（1）培训员工，让他掌握工作职责范围内的技能；或者给他调换工作岗位。

（2）说服这名员工，让他（她）成为其他人的帮手，这样也许还可以待在公司里。

（3）解雇这个人。

"这是件难事，但你必须坐下来和这位员工坦率地谈谈。让员工把自我感觉先放在一边，慢慢地解决问题，这样做是值得的。"黛安娜说，"在22年的经营中，从来没有员工跑来对我说：'我实在做不了这项工作，我需要帮助。'"

"在我看来，这是最难开口的事情。但如果你一定让我说我认为最重要的事儿，那就是：在起步阶段帮助你成功的人，不一定有能力带领公司持续发展，甚至大多会成为公司的阻力——你必须不断更换员工。这也许不是很道德的行为，但事实上必须如此！"

 问　题：

你的员工是不是已经不适应公司发展了？你的公司是否员工过多？

你有没有对公司做过整体评估，以判定哪些事情做对了，哪些事情做错了？

你对员工问题的解决方案正确吗？是解雇了不称职的员工，还是让他们挑战他们的极限呢？

随着公司规模的扩大，管理方式势必要作出一些调整，这时可以引进管理顾问……

杰夫・泰勒

姓　名：杰夫·泰勒
（Jeff Taylor）
公　司：怪物网（Monster.com）
行　业：工作招聘网站
年收入：5500 万美元

很多人都喜欢说："我是个普通人。"但很少有人认为杰夫·泰勒是这样的人。虽然每天有大约 80 万人登录他的网站，但是如果不和满意的客户见面，生意就很难谈成。他需要与客户保持联系，这也是他作为百万富翁却忽视自己身份的原因之一。他喜欢在聚会上和俱乐部里做DJ——这样他可以与别人直接互动，也可以观察自己对别人的影响。

杰夫认为，他令人满意的工作态度有助于发展自己的事业。这并不是吹嘘。"怪物网"是他一手创建的最大的工作招聘网站，这个网站有些像是职业培训基地。杰夫敢于面对事实，当他剖析自己处理事务的错误时，聪明的企业家都会洗耳恭听。

20 世纪 90 年代初期，当大多数人还不太了解网络这个词时，杰夫建立了一家拥有 40 多名员工的广告代理公司，公司名字叫阿丹（Adion）。这个尝试非常成功。与大多数企业家一样，杰夫也有更为远大的目标。他开始了新的设想，希望能将自己在公司运作方面的经验与网络结合起来。当他将这个想法付诸行动的时候，阿丹公司仍在运作。杰夫并没有将主要人员调去怪物网工作，而是用了一些年轻的、进取心强的人。这本身没有错，因为杰夫自己都承认最初创建怪物网的想法并不是那么成熟。

杰夫说："我明白，在实现自己新设想的同时，必须要保证广告代理公司的良好运营。"

在怪物网发展的同时，阿丹也在蓬勃发展，吸引了广告界的关注，与实力很强的 TMP 环球公司（TMP Worldwide）建立了联系。1995 年，杰夫与 TMP 环球公司达成协议，阿丹和怪物网两家公司一并卖给了

TMP 环球公司。问题在于，杰夫得到什么了呢？他忽略了他的宝贵资源——阿丹的一批优秀员工。

当杰夫加入 TMP 环球公司带领着怪物网不断前进时，原来阿丹公司的员工已经散布在 TMP 环球公司的很多地方。之后不到 6 个月时间，杰夫得知很多阿丹的员工离开了公司。当杰夫和怪物网的原有员工待在一起时，他所信任的阿丹公司的原有员工感到被忽视了。这样一来，不仅仅是 TMP 环球公司失去了好员工，杰夫也意识到自己丢失了感情。

事实上，当杰夫听说原来阿丹公司的两名员工要走时，他找到了这两个人，希望给他们安排怪物网部门的工作，这两名员工都说杰夫应该在 6 个月前就做这事。其中一个还是离开了公司，另外一个留下了。

"我应该在公司的过渡时期做更多的考虑，应该多关心他们的处境。我可能没有能力将他们全都留在公司，但我应该让他们觉得我也努力维持原状了，将来会让他们得到稳定的工作。"杰夫说。

最终，杰夫将三分之一的阿丹员工转移到了怪物网，剩下的人都到了其他部门或其他公司。从他真诚的言语之中，我们可以感觉出他对阿丹公司的全体员工备感愧疚。如今，怪物网的员工已经发展壮大到了2400 人，但他的这种感觉还没有消退。

杰夫的另一个大的失误发生在春风得意的 1995 年——这一年，他把阿丹和怪物网这两家公司一并卖给了 TMP 环球公司。事实上，当时这宗交易的主要资产来源于阿丹公司，怪物网是后来才添加进去的。那时，杰夫自己想了许久，后来又和很多企业家讨论，才做出了这个决定。

杰夫说："你在爬山的时候，与患妄想症的人有些相似。你在不停地思考，自己对自己说：'我似乎没什么更好的办法了。'你很害怕会从山上跌落下来。"

"但实际上你可以做得更好。我以 400 万美元出售两家公司，当时我哪会想到五年后公司居然有如此迅速的发展呢！"

古语说："时间可以证明一切"，这话说得真对。杰夫说他亲见过一宗和自己完全相反的案例，它就是 Point Cast 公司[①]。

----

① Point Cast 公司：成立于 1992 年的互联网公司，它率先使用新技术推进网络新闻和企业内部局域网。后被微软兼并。

"默多克的 Point Cast 公司和另外一家规模很大的传媒公司曾经想以45 亿美元的价格卖掉，而管理人员希望卖到更高的价钱。最近我得知，三年后公司仅以 800 万美元的价格就卖了。"杰夫说，"他们也同样给自己上了一课，知道了什么是出乎意料。"

怪物网本身以不足 100 万美元的价格出售，而今，它的资产却达到了 25 亿美元。

难免会有读者扼腕叹息，真想通过募捐来帮助杰夫摆脱困境。在这里，我们要向读者说明的是：其实他做得不错。在买卖公司的合同中，杰夫增加了一个小条款：如果他帮助公司发展起来，那么他可以得到公司 1% 的股份作为回报。具体到资产高达 25 亿美元的怪物网来说，杰夫得到的并不少。

杰夫说："我做得已经很好了，怪物网如果不卖出去，前途不好说会是怎样的。"

现在，杰夫仍然掌控着怪物网的经营——在国外开设新的办事机构，开发新的项目，在俱乐部里做 DJ（作为娱乐），有发展目标，和身边的人保持联系——他认为这些人都是他重要的资源。

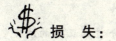 **损　失：**

不可计量的人力和财力损失。

 **教　训：**

不愿意让员工和自己一起去冒险。

杰夫没有在怪物网发展初期将自己信任的阿丹公司的员工安排过来，有两个原因：其一，如果怪物网运营不好，他希望阿丹公司可以坚持下去。他原来并不认为怪物网可以度过当时的过渡期。企业家如果没有风险意识，怎么能称之为企业家？其二，如果出现新的机遇，阿丹公司的员工可以很快组队开赴新战场。他要向阿丹公司的员工解释将他们留在那里的原因，他从不为此感到烦恼。

"这样做的结果是：当我有新的想法和产品时，我可以拥有最出色的员工来帮助我达成所愿。"杰夫说，"这也能促进我的员工更加全面地发展，在工作中占据更重要的地位。这已渗透到我们的管理之中，员工都知道自己可能不会在这个岗位上待太长时间。这样做的好处是能够让员工时时想着上进，公司日新月异，富有活力。"

不能忽视左膀右臂。

在决定公司成败的关键时刻，要注意人与人之间的关系，使员工感到温暖。如果他们不开心，你就可能失去那些有才能的员工。杰夫没有意识到自己忽视了员工，他只考虑到了锻炼员工提高职位竞争力，而没有考虑其他。

"你在这个月或这个季度所创造的价值并不能代表将来，但帮助别人提高职业发展竞争力却可以，这比创造有形资产更有乐趣。"杰夫说，"创造价值很重要，这是公司得以发展的基础。在此基础上，你也应该试着回馈给员工更多的东西。"

毫无疑问，杰夫不可能让这2400名员工一直跟着他，他要按自己的需要来培养最资深的员工，建立怪物网自己的文化：将精力用在最看重的事业上——职业成长。

到饭点儿了才有饭吃。

这是个复杂的问题。事后意识到的总是百分之百正确的决定。在Point Cast公司和杰夫这两个案例上，我们可能会存在很大的争议。没有人真的拥有水晶球，告诉我们什么时候卖掉公司才是最合适的时机。

事实上，杰夫自己也承认如果他不卖掉怪物网，那么现在的怪物网不可能会有25亿美元的资产，而且还可能很糟糕——他缺乏发展怪物网的经验和基础。杰夫当初能否多卖些钱呢？这倒是可能的。只是当初他并不愿意这样做，他只想在这次交易中保证自己的根本利益罢了。

"人们大都害怕谈判。你或许只得到了你所期望的一半，但如果你不要求，你就不可能得到。"杰夫说，"回想起来，如果现在再让我卖，我可能连当初的价格也卖不到了。但是我不会忘记在合同上加一条——如果我能帮助公司发展起来，就要拿公司1%的股份给我作回报。这是这笔交易中我最成功的地方。"

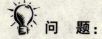 问　题：

在公司过渡时期，与员工进行交流是维系员工忠诚的关键。你是否准备对公司做大的改变了？如果准备好了，你是否让公司里那些有价值的员工了解了某些与他们工作有关的问题？这样做可以避免某些潜在的意外行为。

如果你准备将公司全部或部分出售，自己准备作为一名员工留在公司，那么你是否在合同中加注了一些条款，确保公司有一天迅猛发展了，你也可以得到一些公平的补偿？

第 三 编

当好的合作伙伴变坏时

克里斯·瑞安

姓　名：克里斯·瑞安
　　　　（Chris Ryan）
公　司：ERAPMUS
产　业：技术咨询
年收入：850 万美元

　　克里斯·瑞安现在是一家咨询公司的老板，他的公司的主要业务是向投资者介绍他在创业过程中曾经有过的错误。他笑容可掬，举止优雅，和得克萨斯州人一样讲话慢腾腾的，其实他是纽约人。

　　克里斯说："失败乃成功之母。我过去的失败经历可以成为大家的前车之鉴，这将是很宝贵的经验。"

　　作为家族性企业集团的一位企业家，克里斯所委任的企业管理者中仅有一位是他的亲兄弟。克里斯毕业于得克萨斯州的一所大学，在经营企业之前做过网球教练。潜意识里他很早就知道自己要把恐惧化作前进的动力，体验自力更生的满足感。

　　俗话说："把人从船上扔下去，那他自然就学会游泳了。"父亲在克里斯第一个学期结业时就告诉了他这句话，从此克里斯开始了自力更生的生活。

　　克里斯说："我意识到，如果我想继续上学，走进正常的大学生活，我就需要一份工作。"

　　克里斯没有像大多数学生那样选择去做服务员或是送比萨，他把自己在网球方面的特长发挥了出来，开始在奥斯汀地区教授网球。

　　"我当时还不到 18 岁，平均每小时能赚到 50 美元。在得克萨斯州上大学，平均每学时学费是 16 美元。这样一来，我不但可以用自己赚来的钱轻松地交付学费，而且还能过上不错的生活。这样的经历给我的大学生活增加了很多商业色彩，但这并没有对我的学业产生太大影响。

这样做可以使我在经济上独立，我很享受这份工作。"

在大学里，克里斯遇到了他日后的生意伙伴——戴维（David）①。这位好朋友正好也弥补了他个性以及知识、技能上的不足。

大学毕业后，两个人各自选择了不同的道路。克里斯进入电信行业，做起了销售和管理工作；而戴维成为了一名电脑编程师。数年之后，在 20 世纪 90 年代初期，他们又走到一起，创建了一家网络一体化服务公司，主要经营绝缘电脑系统。

"刚开始时是很艰难的。我投入将近 20 万美元作为公司的启动资金，在头几年我主要靠通心粉和奶酪过日子，透支美国运通的信用卡支付房租。"克里斯很不好意思地说，"我想我的名字也许还留在美国运通的黑名单上。"

"我们共用投资，将资金都投入到了公司中，也从根本上找到了彼此的平衡点——我负责外围事务——销售、宣传以及创收；他负责技术问题。这是一个很专业的组合。"克里斯说。

公司开发的新技术具有广阔前景。公司业务得到了迅速发展，很多公司希望与他们公司建立合作关系，诸如：雷声②，帕克兰医院（Parkland Hospital），儿童医院（Children's Hospital），世通，等等。这些公司都希望能利用他们的这项高科技技术做软件的集成和升级等项目。

随着科技的迅速发展，公司也发展迅猛。

公司发展壮大了，员工增加到了 92 人，年收入超过了 850 万美元。

克里斯回忆说："在 20 世纪 90 年代中期，有一个绝好的机遇，那就是科技水平大踏步提高，任何人都有机会在科技领域赚钱，而我们也在这个时候大大赚了一笔钱。"

1997 年，克里斯和戴维决定让公司走向多元化的道路。他们建立了三家分公司。公司实力雄厚，现金充足，依靠自身的实力就能生存发展，不需要寻找其他投资商。与此同时，公司还建立了人力资源部、技术部和综合服务部。

---

① 因属个人隐私，这里用的是化名。——著者
② 雷声（Raytheon），美国军工及机械制造企业，总部位于马萨诸塞州的列克星顿，产品主要有商用和军用飞机以及其他工程机械等，也从事电子商务。

　　在公司扩大后不久，问题也随之出现了。

　　"最大的问题是我们自以为可以点石成金。"克里斯说，"其实，对某些事情在行，并不意味着你对任何事都在行。好多时候，人们总是太过自信，太过骄傲。"

　　就如摇滚歌手比利·乔尔①所唱的："他们开始为事业而奋斗，而金钱开始变得不宽裕。"克里斯的公司就出现了这种情况。

　　"合作关系就如同婚姻，是很现实的关系，当一切都很顺利时，彼此相处得会很好；当遭遇逆境时，彼此之间就会出现裂痕。"克里斯说。

　　情况不好的时候，这些裂痕会导致公司的所有活动都无法达到预期效果，使事情朝与公司利益相悖的方向发展，公司的前景将变得暗淡起来。

　　克里斯和戴维在公司财政上都有相当大的付出，同时他们也都过高估价了自己对公司所作的贡献。他们有时会随意指派自己手下的人去做其他部门的事情，搅乱了公司的管理秩序。

　　"我们开始偏离公司的核心竞争力——把主要精力放在了管理我们并不擅长的事情上，而忽视了自己的本行。在大约 14 个月里，我们做了很多自不量力的事情，造成大量客户流失。"克里斯说，"我们将过多的事情纳入了我们的议程，什么都想干上一把。坦白地说，我认为这是自己过于骄傲导致的。"

　　事实上，公司的最初模式之所以运行良好，是因为当时公司具有技术优势，而这种技术正在风行。也就是说，不是我们公司自身发展得好，而是整个市场带动了公司的发展。

　　后来，他们对公司进行了改革：大量招募员工，使劳动力过剩，阻塞了优秀人才的流入；为了让一切走向正轨，把大量时间用于管理，机会成本大大增加；公司还投资近 120 万美元来建立服务部，其中包括花费 60 万美元购买电话交换机，但实际上它根本派不上用场。

　　"本来期望着能把用户从 10 个扩大到 100 个，但最后，我们最多也就得到了 15 个。"克里斯说，"想象着能够美梦成真——只要创建了这

---

　　①　比利·乔尔（Billy Joel），20 世纪 70 年代末和 80 年代美国最具商业价值的歌手和词曲作者。

个服务部，客户就会源源不断。我们认为，只要将产品推向市场，就会有收益，资金也会不断回流。"

1999 年，克里斯和戴维陷入了困境，欠下了很多债。在不长的时间里，他们就把一个资金充裕、年收入 850 万美元的公司，折腾成了欠债超过 300 多万美元的企业。此时，他们仍旧幻想让公司重振起来。

事情远未结束。有许多和电脑技术无关的企业很愿意收购他们的公司，吸纳他们的技术资源，建立另一个微软公司。于是，克里斯和戴维与一家位于休斯顿的公司——Veri Center 开始谈判收购事宜。那家公司原本是一家没有科技含量的公司，创始人还创办了联合废品工业（Allied Waste）和英国电影协会（BFI）。

"因为 Veri Center 公司期望增加公司的技术含量，所以对我们公司的评价很高。他们打算合并一些小公司，将合并的公司推向市场，以此来大赚一笔。他们所做的评估结果显示，我们的公司具有很大优势。重振幻想破灭之后，我和戴维把公司卖掉了，所得不但可以清偿债务，而且还有剩余可以让我们购买一些 Veri Center 公司的股票。"克里斯说，"我们躲过了即将到来的灾难。"

之后，克里斯和戴维重新成为很好的伙伴和朋友。在公司经营过程中，他们有太多的压力、失望和误解，这使这两个大学密友、生活和生意伙伴的感情几乎走向破裂的边缘。当然，他们也曾收获过巨大的成功。

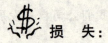 **损　失：**

上百万的资产；当公司运作远离核心竞争力，机会成本就会增加；15 年的友谊。

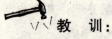 **教　训：**

首次创业者的通病——不要太相信你自己的对外宣传。

在某些首次创业的企业家看来，他们有能力把自己构思的任何蓝图都变成现实。这种想法促使他们早晨 4 点起来工作，每天坚持工作12—18 个小时。在他们的生活中，每天都是独自入睡，起来时，心里又充满了对未来的不确定感，所以只能用工作来安慰自己。这就是他们要把设想变成现实的方式。

但过分自信的害处从来不亚于狂妄的害处。

"我的一个朋友说过，首次创业的人大都拥有不错的眼光和很好的执行计划，缺点是对自己的能力没有正确的认识。"克里斯说，"这就是我们自认为可以办到任何事情的原因。"

你必须对自己的能力和不足有一个清晰的自我认识，绝不能盲目自信而过高地估价自己。

"与很有计划的婚姻相比，我们的合作关系显得有些盲目"

假如你每天工作 12 个小时以上，这就意味着你每天与合作伙伴在一起工作的时间是和爱人在一起相处时间的两倍还多。

克里斯并不想细说同生意伙伴关系变得恶劣的过程，而是着重谈了他自己是如何使公司一步步走向错误轨道的。

"我本应该更好地设置我的目标，并处理好我和工作伙伴的关系。"克里斯说，"因为我们没有交流过彼此对公司的期望，加之各自身上的压力，使我们把公司带上错误的道路，而且在不知不觉中也破坏了我们彼此的信任。"

这正是由上面的问题导致的。

"我们实施了许多行动，但没有谨慎周全地思考。我们也没有使用适当的方式与对方交流。"克里斯说，"我们起先都处于狂躁状态——因为银行里有现金存着，市场运行稳定，所以从来没有思考过现实中的变化，也没有考虑我们的想法是不是一样。当事业下滑时，我们的关系也就变质了。"

每个人都在寻找自己需要的伙伴，并要确认引入这个伙伴给公司带来的利润比自己所创造的利润多——也就是说，要使得一加一等于十，要让有些事情变成值得去做的事情。如果一加一只能等于二，那么在寻求利益的过程中就会出现很多麻烦。

让彼此均有潜力的朋友或家人成为生意伙伴，也还是可行的——这样你们彼此会有一些共同的期望。不过，这样的决定要考虑清楚再做。

在未做之前，要确保每个人对事业的期望都是一致的。如果伙伴之间在收益上存在误会，必然会造成公司事务的紧张化，常常会给生意带来损失，导致业绩下滑。

目前，克里斯通过《企业难题解决方案》（Paradigm Enterprise Solutions），向投资者提供建议，帮助他们处理一些公司事务。克里斯把这些方法称为"公司诊断"（company triage），其核心是帮助公司成功的四个方案——管理、客户、现金流转以及技术/组件/硬件/软件，就此来展开分析、"诊断"。

从某种意义上来说，克里斯是将自己原来所犯的错误和从中得到的教训提供给了现在的公司客户。

无论是首次创业的人，还是已经出现在《福布斯》杂志上的成功人士，谁都会犯错误。不同的是，处理错误的方式决定了你的未来。

 问　题：

你和你的合作伙伴对公司的目标和前景都十分了解吗？你们的关系能够承受将来可能遇到的挫折吗？

当你想发展一项新业务（不是自己公司现有的核心业务）时——考虑过现实的可行性吗？你有足够的信心吗？你有没有认为自己是迈达斯国王①呢？

你可以向两个人提出这些问题。一个是你最亲近的人，另一个就是你自己的心灵。如果你想获得成功，就必须找到这些问题的答案。

---

① 迈达斯国王（King Midas），古希腊传说中的国王，非常贪婪，从神那里获得了点石成金的法力，但却把自己心爱的女儿变成了黄金雕像。

　　让彼此均有潜力的朋友或家人成为生意的伙伴，要考虑清楚再作决定，保持大家有着一致的期望。

戴维·马修斯

姓　名：戴维·马修斯
（David Matthews）
公　司：AV4U *
产　业：公司的音像服务
年收入：2200 万美元

也许有一天，一些有创新意识的社会学家或心理学家将会研究：一个从小就喜欢闻鲜草气味的孩子和他将来成为企业家的可能性之间的关系，或是与其他事务之间的关系……这足以说明，企业家中存在着普通百姓。

戴维·马修斯与其他许多成熟的企业家一样，第一次创业尝试是推着一台五马力的割草机割草赚钱。之后，就读于俄亥俄州立大学时，他创办了一年一度的贸易展览会，毕业后仍然继续运作着这个展览会，而且发展得很好。同时他还在南卫理士公会大学（Southern Methodist University）攻读 MBA 学位。后来又创建了一家影视公司——AV4U。

当然，公司从创建到鼎盛，一步一步地发展并非一帆风顺，戴维付出了自己所拥有的一切。

1991 年，戴维成为南卫理士公会大学的一名学生，开始攻读 MBA 学位。在那时，戴维先后吸收了两名合作伙伴——蒂姆（Tim）和汤姆（Tom）。他们一同创建影视公司，为客户公司的会议提供音像视听服务，也为客户安装视频会议的相关设备。公司的股份完全是三个人均分的，每个人都负责自己专业领域方面的工作——戴维管理业务和财务，同时也管理着公司的销售和安装服务工作；蒂姆负责承办公司的各项活动；汤姆负责市场调查和产品制作。

公司的运营速度像一名短跑健将，排名很快就出现在了前 1000 家

---

* 应当事人的要求和个人隐私问题，这里的公司名和合作伙伴用的都是化名。——著者

优秀企业的名单中。

　　公司如此迅猛的发展超出了他们的预料。1991 年，公司年收入是 15 万美元。到 1996 年底，收入达到 1500 万美元，还有 20% 的现金流转利润。其中，几乎所有的利润都来自公司的产品，当然也有少部分来自于收购股份所带来的资金。

　　随着公司业务的增加，公司的业务构成发生了一些变化：产品销售和安装，动画制作和视觉产品，承办活动。公司的收入大部分来自产品销售，但利润率却很低；承办活动成了公司的摇钱树，利润丰厚；视觉产品制作则成了公司亏本出售的商品——但它能帮公司招揽一些客户。

　　公司三个伙伴的合作非常融洽，可以说是珠联璧合，他们互相弥补彼此间的弱项，并且拥有着共同的愿望。不过，有些事情在戴维看来已经有些危险——比如某些个人操守问题；但他并没有多说什么，而是让他们放任自流。

　　"合作伙伴关系是很难保持的事情，因为大家的目标可能不尽一致。"戴维说，"我们在这方面是很幸运的，我们在一起合作得很好。我知道蒂姆和汤姆有一些不好的方面，但他们的优点远远超过了这些，足可以让我忽略不计。"

　　1996 年，公司的迅速发展吸引了许多投资商的眼球，其中一家软件公司希望投入几百万美元的资金来帮助 AV4U 发展壮大。然而投资建立在两个条件之上：第一，产品要符合软件公司的出厂要求；第二，软件公司希望引进一名高层管理人员来管理 AV4U，并管理将 AV4U 发展成资产 1500 万美元的三位年轻的创业者。

　　软件公司注资了，他们引入了一位新的 CEO 和一名 CFO。CFO 监管公司业务，三位年轻的创业者分管三部分业务。这次重组共涉及约 150 人。很快地，矛盾产生了。CEO 和 CFO 发现他们与三位创始人的观点有冲突，特别是与蒂姆和汤姆。

　　"我们表面看上去都是在为同样一个目标——公司的发展服务，"戴维说，"但事实上并非如此。"

　　第一件事发生了。新来的管理者仔细研究公司的制作部门之后，认为这个部门需要一名经验丰富的人来协助运作，否则就应关闭。

　　新 CEO 从波士顿引入了一名很有影响力的人来担任制作部门的主

管。这个人的工作很有效果，没多久就使这个部门大有起色。但汤姆并不高兴，他认为自己被踢出了局，而且更不能忍受将自己一手创建的部门拱手让给别人。汤姆和蒂姆一起开始了一些破坏性的勾当，阻碍新主管的工作。戴维眼睁睁地看着这样的事情发生，而且一步一步地恶化。

　　"事情最终恶化到了一定程度，我不得不和上层领导谈话，并向 CEO 和 CFO 做出书面检讨，说明汤姆和蒂姆的所作所为表明他们的确不能算是公司的好员工。"戴维说，"虽然问题得到了暂时的解决，但关系却进一步恶化了。"

　　六个月后，汤姆和蒂姆齐心作祟，最终将制作部的新主管挤兑出了公司。同时，他们还发现了戴维写给公司上层领导的信。他们误认为戴维想从他们手里把公司抢走，所以他们决定把公司从戴维手中夺回来。

　　很快地，公司业绩开始恶化。

　　公司决定重组，将销售、安装和采购部门分离出来——戴维会拥有大多数股权，但还是由 CEO 亲自负责；汤姆和蒂姆保留他们制作部门的主要股权，并保留他们的位置。

　　这项重组决定主要是基于投资者的投入考虑的，所以前几年各分部要向总公司上缴年收入的一定份额，份额的比例按照各部门占 AV4U 公司的总资产份额来计算。汤姆和蒂姆前两年的运营还不错，为总公司上缴了总份额的 25%，但之后很快就开始亏损了。

　　"他们在管理中遇到了很多困难，积累了太多的债务。"戴维说。

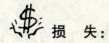 **损　失：**

付给股东几百万的资金，扼杀了公司可能创造 2200 万美元资产的潜力。

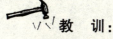 **教　训：**

合作伙伴关系可能比婚姻关系更难处理，代价也更昂贵。

合作伙伴关系非常难以处理，成功的例子甚少。合作者必须重视彼此的关系，而且每走一步都要确保维护相互之间的良好关系。所做之事都要仔细考虑到相互之间的平衡，正如处理婚姻关系一样。

"刚开始的一年，我们的关系处理得很成功，相互之间非常信任。

之后，另外的投资伙伴参与进来，开始管理公司的业务，这使我们不再是一个联盟的成员。"戴维说，"如果让我重新选择，我可能不会将公司转给别人，而是自己继续经营。但这是我事后才认识到的。"

"我当然看到过汤姆和蒂姆不够诚实的事件，但我没有管它，因为当时他们在工作上做得不错，而且我们合作得也很好。"戴维说，"但到最后我才意识到，品德有些成问题的人会不断地摧毁你所建立起来和将要建立的一切。"

房屋没有坚固的基础，它就不会长久。但现实事务对企业家来说是个很容易掉进去的陷阱。因为当一个人一天要做 18 件事——这对企业家而言是很平常的事，就意味着他也只能有看看结果的时间罢了。

企业家在选择合作伙伴时要特别谨慎。人们对婚姻通常十分谨慎，尽管这样，也还是有相当一部分人以离婚而告终，而原因大多是由于彼此之间失去了信任。企业家信任的是合作伙伴的未来和他的资历。

戴维说："不妨与你的伙伴先从小事合作开始，相互交流经验，做一些尝试。"

现在，戴维是一家私人投资公司的主管，主要负责公司业务。公司业务大多分布在得克萨斯州等地区。

 问　题：

你是否正处于一个新的合作关系之中？对这部分新注入的资金你有过认真的分析吗——是否该有些必要的合同，是否会影响你与合作伙伴之间的关系？

合作伙伴关系可能比婚姻关系更难处理，代价也更为昂贵。

朱迪思·布利斯博士

姓　名：朱迪思·布利斯博士
　　　　（Dr. Judith Briles）
公　司：布利斯集团公司
　　　　The Briles Group，Inc.
行　业：旅馆酒店开发
年收入：不详

　　除非是特别成功的企业家——他们考虑问题非常缜密，一般的人总会有这样或那样的疏漏。朱迪思·布利斯就是由于自己的疏忽而被出卖了——合作伙伴盗用了公款。这和许多企业家的故事有很多相同之处。不过，朱迪思能从失误中吸取教训，并且积极扭转局面，最终取得了成功。并非对每个人来说，朱迪思面对困境时所采取的办法都是正确的，但它确实是值得借鉴的。

　　20世纪80年代，世界经济开始复苏，从70年代末的萧条逐步走向了繁荣。朱迪思在加利福尼亚做了几年股票经纪人之后，成了一名理财和投资专家，专门提供有关资产振兴和革新方案。她和凯瑞（Ker-ri）①——曾是她的合作伙伴，一起做过一些不错的项目——在加州西部城市伯克利（Berkeley）发现一家酒店对她们来说是个机会。她们把酒店建筑抵押给银行，买下了酒店，并对其进行全面翻新。她们打算翻新后再卖掉酒店，以获得可观的利润。

　　接下来发生的事更像是在20世纪80年代的电影里的故事，让人无法相信它是真的。但它的确又发生了。朱迪思的合作伙伴凯瑞陷入了20世纪80年代的可卡因狂潮之中，毒品进入了她的日常生活——当时的社会，绝大多数人都不反对向往这样的生活。凯瑞为了自己的恶习，开始以公司的名义向银行贷款，提供伪造的票据给银行。银行根本不看

————————

① 因属个人隐私，这里用的是化名。——著者

申请理由就批准了贷款，这直接导致了之后酒店的破产。

银行毫不犹豫地批准了凯瑞申请的酒店基础建设费 4.5 万美元的贷款。酒店之所以能从银行顺利地贷到款，是因为它为银行提供了很多不错的服务。

"银行不会注意。"朱迪思说，"但我注意到了。"

在六个月里，凯瑞总共盗用了超过 45 万美元的公司贷款，这些贷款都是由朱迪思个人做的担保。这个时候，朱迪思还没想到资金已被凯瑞盗用，而且是在自己的鼻子底下把钱卷走的。

"当我清楚了这一切的时候，凯瑞已经宣告公司破产，从此溜之大吉了。我去咨询过律师，律师说很难给凯瑞定罪。"朱迪思说。

接下来的几年，朱迪思一直在为这场官司周旋，而且损失了 100 万美元的资产。她和丈夫不得不卖掉房子，甚至是衣服，以此确保孩子的正常生活。

"家庭出现了经济危机。我们告诉孩子，他们可能失去所有的东西，只能过十分普通的生活。他们会得到应有的照顾，但不能过原来那样的生活了。"朱迪思说。

刚破产的时候，朱迪思曾经控告过银行的疏忽，银行最终给予了赔偿。朱迪思没有将钱放进自己的账户，而是放进了投资资金中。有个债权人雇用了一个很有名的律师，希望能从朱迪思那里要回债务。官司连连不断，持续了几年的时间。在此期间，朱迪思每星期几乎要出庭三次。通过清算，朱迪思失去了自己的全部个人资产，但最终还清了所有债权人的债务。

事情过后，朱迪思一直在想一个问题：这样的情况为什么会发生在我身上呢？是啊，朱迪思原本是个成功的企业家，是工商管理硕士、经济学家，她怎么就会陷入了这样的困境呢？

尽管经受了如此巨大的挫折，朱迪思还是带着自己的疑问重新回到学校继续深造，最终获得了管理学博士学位。在学习期间，她特别注意研究行为科学，希望找出过去失败的原因。

朱迪思把自己的研究成果写成了她的第一本著作：《女人会相互诋毁吗？》（Do Women Undermine Women?）

"我的经历决定了我的研究方向。"朱迪思说，"在这里我认真地声明，我不会再和别人合资来创办公司。我现在真正想做的是，用自己真实的经历去指导人们如何管理自己的资金，如何管理公司业务。"

朱迪思认为自己是那种会永远追随梦想的人，但现实却不容她那样继续下去，她不得不对自己的目标和追求重新做出评估。她不希望再在原来的领域继续干下去，这并不是说她面对挑战退缩了，放弃了理想，而是说明她从挑战中学会了如何对自己的目标和事业进行重新定位。

新定位就是朱迪思·布利斯博士的职业——商务顾问。她拥有 20 多本著作，她的书主要研究商业关系和商业策略，分析企业常见问题并提出解决方案。这些著作内容丰富，语言幽默，又以笔者自身的经历和知识为基础，真实可信，深深地吸引了广大读者。布利斯集团现在已经是商务顾问领域中公认的佼佼者，拥有很多知名的客户。朱迪思担任着 The WISH List 的主管工作，她还是许多组织的成员，比如国际演讲者协会（National Speakers Association），旧金山女子银行（Women's Bank of San Francisco），科罗拉多州护理联盟（Colorado League of Nursing）。她也是某些组织的荣誉会员，诸如女子外科医生协会（Association of Women Surgeons）、女性职员专业协会（Women Officers Professional Association）。

朱迪思改变了事业成功的途径。这种有悖常理的寻求成功的方法受到了很多非议，因为朱迪思的书里有劝阻人们不要去追求梦想，希望人们逃避现实挑战的倾向。逃避当然不是解决问题的好方法，但当你所面对的事业的确没有多少希望时，也就真的不必再花费时间来经营它了。

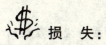 **损　失：**
好几年的幸福生活，精神的安宁，100 万美元的资产。

 **教　训：**
这是商业事件，不是私事，所以要将感情置之度外。
朱迪思过于信任别人。她认为信任是双方合作的基础，也是责任。在对自己的经历进行反思之后，朱迪思觉得自己所犯错误还有一个特别的原因：自己是一个女人。

"女人更倾向于给予别人信任。如果有人背叛了自己，她们还是愿意给他另一次机会，而男人不会这样做。凯瑞从前和我合作过一些项目，所以我很信任她。"

朱迪思从一部有关黑手党的老电影中学到了一句台词："这不是私事，这是事业（It's not personal, it's business.）。"这给了她一些启迪。

"我和她从未发生过冲突。除了把她当作事业上的合作伙伴，我还把她当作朋友。回过头来看看，我对事物的判断真是很有问题。"

其实在出事之前，凯瑞的举动已经露出了一些蛛丝马迹，但朱迪思没有在意。酒店翻新之后，一切都发生了变化。

"回头细想想，事情的发生实际上有过很多征兆。有一段时间，凯瑞看上去很疲倦，还患过失眠症，只是当时我并不了解毒品及其副作用。如果可以倒回到过去的话，我就会重视她的那些反常行为，肯定也会追根究底解决问题。你不能对自己的个人责任有任何的犹疑。"

除了你，没有人会真正关心你和你的企业。

企业家们不愿意做文字工作，这是很自然的，这也正是他们成为企业家的原因之一。他们有更远大的目标，不想事必躬亲。如果他们热衷于整天撰写报告，那他就是会计师，而不是创造财富的企业家。

毫无疑问，银行也把事情搞得一团糟。银行并没有对贷款业务严格负责。他们都做了些什么？想当然地认为是朱迪思要贷款，而不是别人，也不会出现其他情况。但归根结底，问题的根子是：朱迪思有责任自己监督贷款是如何使用的。

朱迪思说："翻新酒店进展得似乎很顺利，但我却没有注意到贷款带来的高额利息以及抵押带来的高风险。为景观美化居然花费了 4.5 万美元，现在看来真是匪夷所思。如果让我再来一次，我会坚持让银行开具每一份清单，我会注意每一笔资金的流向，确定它是否到位。"

 问 题：

你是否和朋友、亲戚或者你信任的人一起做过投资？你是否在维护自己的权利时有些松懈，觉得不用担心？不，你不能这样想！记住，"这不是私事，这是事业"。

　　商业合作并非私事，所以要将感情置之度外。所谓"朋友归朋友，生意归生意"。

桑杰·辛格哈尔

姓　名：桑杰·辛格哈尔
（Sanjay Singhal）
公　司：数家
行　业：数个
年收入：不详

如果说桑杰算不上成功的风险投资家、一流的扑克玩家、技术创新者，那他也必定会因为生意失误的特别经历而成为新闻人物。他能给我们提供一些经营失败的教训。实际上，他是康奈尔大学（Cornell University）的一名客座教授，主要讲述他的第一次创业是如何以失败而告终的。

事实上，桑杰的故事很特别，以至于故事的格式也不同寻常。在这里，桑杰有很多的经验教训要告诉你。

当桑杰在康奈尔大学攻读 MBA 的时候，他的第一个经营构想就滋生了。（非常搞笑的是，他还有过在康奈尔求学阻碍了他成功创业的想法；当然那是另外一个故事了。）那是在一次聚会上，有人无意中问了一句："为什么人们可以订购到送货上门的比萨和杂货，而订不到影碟呢？"

知道漫画书里经常出现的那种智慧的灯泡吗？此时它突然出现在了桑杰的头顶上。一个星期之后，桑杰制订了一个商业计划。在攻读MBA 的第二年，他完善了计划的具体步骤。不久他毕业了，在多伦多开办了一家影碟快递公司，那年他 25 岁。

桑杰说："在康奈尔大学，你可以学到作为公司高层如何来管理一家公司，但那里不会教你如何在战壕中运营一家公司，不会教你如何公关、如何做市场营销。"

因此，错误便从这里开始了。

桑杰并不是创业之路上的独行人，他有一个生意伙伴。他们俩又雇用了一位共同的朋友罗伯特（Robert）①，由罗伯特来经营旗舰店并办理业务。几个月后，他们发觉罗伯特不能胜任这项工作。桑杰说："罗伯特说是出去洽谈合同，可第二天我们都听一个朋友说他出去打高尔夫球了。"

尽管在公司里占有股份（这对一个员工来说通常是很大的促进力量），但罗伯特还是不思进取，整天混日子，无所事事。

桑杰那时候还很年轻，他天真地认为自己能够处理好与罗伯特的关系。罗伯特像往常一样对桑杰许诺："我一定能把工作做好。"但在之后的六个多星期里，罗伯特没有丝毫的改变。没办法，桑杰最终辞退了他。

教　训：

不要雇用朋友，理由有许多。

桑杰说："雇用朋友可能是因为他有某一方面的专长；不好的一面是你会急他之所急。"

缺少必要的考核而使用雇员，在多数情况下，犯这样的错误是不值得的。而且辞退一位朋友是一件很棘手的事情，但如果不辞退就违背了公司生存的准则——当公司有麻烦的时候，要尽早辞退员工。

桑杰说："我总结的一条规则是：如果你根本不欣赏你的朋友的经营天赋，那就别跟他一起做生意，甚至宁可失去这份友谊。"

更糟糕的是，罗伯特的哥哥也在公司做法律顾问。因此，在罗伯特被辞退的当天，他的哥哥告诉桑杰说他也要辞职。两天后，"朋友"被故意加上了引号，兄弟俩都对桑杰表现出了强烈的失望和不满，骂他是混蛋，等等。他们想让桑杰知道，如果是在传统的社会群体中，他将是不受欢迎的人。

桑杰说："有些朋友是支持我的，但是大多数不了解真相的人还是认为我做得不对。这给了我太大的心理压力，使我的生活变得非常艰难。"

不过，罗伯特的事并不是影碟快递公司失败的主要原因，真实原因

---

①　因属个人隐私，这里用的是化名。——著者

是他们太缺乏市场营销经验了。

"我们原以为，直接给客户发邮件应该能够收到 50% 的反馈。很多人看过我们的这个营销计划，我们甚至还拿给康奈尔大学经济学院的教授看过，但没人告诉我直接邮件的回复率通常只有 1.5%～2%。"桑杰说。

桑杰的公司亏损了。意外的是，公司通过直接邮件得到了 10% 的回应。但微薄的回报还不够缴税的，这已经完全摧毁了他们的营销预算。

因此他们提出了另一个方案。他们认为，如果再投入 2 万美元的话就能救活公司，于是合伙人决定每人投入 1.5 万美元。

 **教　训:**

清楚自己不懂什么，然后对之加以研究。

桑杰说:"如果我能从头再来，我将大力储备人力资源，确保拥有各方面的专业人才来经营我的公司——不是仅仅依靠顾问和那些在公司拥有股权的员工。我需要专业人才为公司工作，这些专业很可能是我不了解的，比如金融、管理、市场和销售，等等。"

错误的市场营销，错误的销售人员，错误的公共关系，错误的内部人员管理，这一切不知不觉中浪费了桑杰大量的资本。不知为什么，一年后他去了加利福尼亚。

1996 年，桑杰在西海岸的一家公司任职，这家公司是生产无线数据调制解调器的。就在那时，桑杰突然又有了一个不错的构想——PALM PILOT（掌上电脑）。他认为，人们应该非常需要这种 PALM PILOT 来随时随地收发电子邮件。如何实现呢? 只需简单地将无线数据调制解调器和 PALM PILOT 技术合成就可以了。

桑杰的目光瞄向了硅谷。他会晤了昔日的朋友杰夫·霍金斯（Jeff Hawkins），而霍金斯正是掌上电脑的发明人。霍金斯答应由自己来开发这种合成技术，研制出桑杰所希望的独一无二的样机。可惜的是，桑杰虽然是技术创造的高手，却不擅长融资。他一次次地遭受失败，而那个时候正是风险投资家准备在科技和电信方面大把投资的好时候。

　　不久，桑杰走出了低谷。他遇到了一家小型私营企业诺瓦泰无线公司（Novatel Wireless）的总裁，这位总裁对他的计划很感兴趣，他请桑杰加入诺瓦泰公司。没多久，诺瓦泰公司便实现了桑杰的设想，桑杰也逐步晋升为公司市场营销和工程部门的高层领导。之后，他的主要工作集中于为新产品——Omnisky 制订营销计划。公司总裁对桑杰非常满意，私下里告诉桑杰，希望他有一天能成为自己的接班人。

　　桑杰说："在制订营销计划的时候，我想雇用曾和我在圣地亚哥工作过的一名同事与我合作，尽管这个同事与我并不很熟，但我知道他能胜任这份工作。没想到，公司的首席运营官不同意，他认为我是在利用与总裁的关系排挤他。他的反对给我带来了麻烦。我只好去找总裁，总裁答应帮我调解。当首席运营官发现我越权去找总裁汇报问题时，他气愤地向总裁表示：不是他留我走，就是他走我留。在我当选为公司总裁的继承人时，他快气疯了。是我把他推到了绝境。"

　　教　训：

　　如果你并不打算置人于死地的话，那就别把他逼上绝路。

　　公司总裁做出了一个艰难的决定：辞退了首席运营官。桑杰知道事情本来不该发展到这个地步。作为公司的长期员工，最终了他得到了 5 万美元的技术专利补偿费。18 个月之后，诺瓦泰无线公司上市了，当时公司市值高达 1800 万美元。

　　桑杰说："我认为，公司的每一位员工都有责任尽力做好工作，促进公司发展。你不应该仅仅关心自己在公司的职位，更应该考虑公司的整体利益。其实，整体利益与个人利益是息息相关的。"

　　不过，事情总是不尽如人意。

　　在经历了诺瓦泰公司的失败之后，桑杰又换了几家公司。最终，由于某种原因，桑杰决定停止眼下的工作，与他的一位老朋友共同经营企业。他的这位老朋友和另外一个合伙人正在创办公司，开发一种有声邮件软件，桑杰应邀负责市场营销。第一次在公司里拥有自己的股份，桑杰很开心，因为他觉得不只是他一个人在为促进公司的发展而努力。

　　这次的公司和以前的影碟快递公司的性质不同。这一次，桑杰和他的两个合伙人为技术以及其他方面的所有事情做了准备。在大家的齐心协力之下，一切安排就绪。

"公司总裁领导整个公司，首席技术官是一位非常优秀的软件工程师。我们三个联手，可以得心应手地处理好公司里的所有问题。但是，如果我们单打独斗，那肯定会失败。"

在电信行业最糟糕的年代，桑杰的公司仍然连续四年保持了每六个月规模和销售都翻一番的好成绩。公司年收入开始时是 10 万美元，一年后年收入竟达到了 1400 万美元，而且预计六年后将达到 1 亿美元。

后来，桑杰卖掉了他在公司的股份，但他还是公司的一员。他建立了自己的风险投资公司——Aquanta Group。在公司持续发展的时候，他就能从另一个方向开发新技术、寻找新商机。他把人生的每一次失败都铭记于心，并从中吸取教训。

桑杰说："这需要坚定的信念，坚信自己是正确的，还要不断付出努力。虽然在有些人看来这很难做到，但我们确实能做到。不能太自以为是，要客观。那样的话，即使你不一定很聪明，那你也能达到自己的目标并取得成功。"

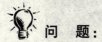 问 题：

你对自己的公司聘用朋友做员工有什么看法呢？你认为这位朋友的优点多于他的缺点吗？你是否准备两人的关系因工作而变僵时选择放弃这份友谊？

瓦莱丽·弗里曼

姓　　名：瓦莱丽·弗里曼
　　　　　（Valerie Freeman）
公　　司：Imprimis Group，Inc.
行　　业：临时员工
年收入：3000 万美元

在这本书里，我们讲了许多合作伙伴之间出现矛盾的故事，这个故事和之前的故事也有着相同的症状，只是增加了一些朋友或家人合伙投资的复杂性。前面讲过的就不再重复了，我们在这里要强调的是糟糕的合作伙伴所带来的影响。

瓦莱丽·弗里曼所拥有的糟糕的合作伙伴关系，就如同好莱坞明星们的婚姻关系一样——散乱，昂贵，最终还给自己留下了很多悲伤的感受。

刚开始时，瓦莱丽并没有期望成为现在这样的成功的女企业家，但她一直是富有挑战精神、喜欢站在世界前沿的人。她曾经是一名来自休斯顿的冷面吉他手，非常迷恋 Corvettes 乐队。搬到达拉斯后，她在 20 世纪 70 年代末完成了自己的学业，成为埃尔森特罗学院（El Centro College）的教授。

瓦莱丽在大学里教授经济类课程的时候，文字处理技术的应用正在经济领域迅猛发展。瓦莱丽没有视而不见——她希望能在这方面开辟事业之路。她用自己的钱买来了必要的设备，学习所有相关的知识，而且编写了文字处理课程的教材。

瓦莱丽学得越多，对这方面的技术就越感兴趣，对大学教授的工作也就越感乏味。她不顾一切地在达拉斯开办了自己的公司，培训文字处理方面的人才。现在，瓦莱丽的公司有 6 家分公司，分布在 6 个州，拥有 75 名员工，在帮助其他公司管理业务上起到了重要作用。

但这不能说瓦莱丽所做的事情没有任何风险。她与第一个合作伙伴的矛盾就是在创办公司的初期产生的。

"我们一起合作创办公司，一切都是从头开始。"瓦莱丽说，"但到最后我才知道，他根本不了解如何运作一家公司。"

事实上，这就是一个很简单的评估而已。从瓦莱丽的叙述中我们也体会到，她的这个伙伴根本不懂商业的意义，不知道如何让公司运作。

"在花钱方面，他和我的观念完全不同——他认为生活应该大手大脚，没必要存钱，也不应该把钱投资到公司里。"瓦莱丽说，"他对工作满不在乎，从不严格要求，可能早上9点来上班，下午3点就打网球去了。"

瓦莱丽说，在那一年半中，是她的不懈努力才让公司得以维持。为了改变这种状况，瓦莱丽与她的伙伴签了一份协议，要求他必须好好工作。

"这一年半里，他阻碍了我的发展计划。更坏的是，我们的关系也变得很僵。"瓦莱丽说，"他是我的朋友，但我对他完全失去了信心。我失去了这份友谊。"

 损　失：

长久的友谊；上千美元；公司一年半的努力。

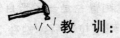 **教　训：**

要让自己像一个男人，一个国王，让这两个角色成为你的角色。

他/她可能是你儿时的玩伴，你的老朋友，你的闺中密友，你信任的知己，你要感激的人——在你小时候，他也可能帮助过你。

但在商场上，这都算不了什么。如果一条船上有两个船长，他们就需要商量航向、航线；否则，船会搁浅。

我们曾经说过很多次——你需要充分信任对方，需要花更多的时间跟对方相处。你最好确保你们的目标是一致的。

"我要强调的是，你和你的伙伴真的需要坐下来好好谈谈，谈谈对未来的期望，工作的任务，双方的具体责任，公司的发展方向、目标、策略，等等，要明确每一个细节。"瓦莱丽说。

合作伙伴只有在双方目标一致的情况下才能使公司正常运转。所谓目标,诸如:当公司发展到某一阶段后,是应该卖掉公司获利,还是要让公司继续发展成上市公司,等等。只有彼此协商,统一发展目标之后,公司才能继续良好运行。

没有统一发展目标的情况下是不应该建立合作关系的。你不能跳过这一环节。把你的目标写下来。像管理公司一样来管理你与合作伙伴的关系。

嗨,这儿有一个苹果……

俗语所谓"吃一堑,长一智",在瓦莱丽的身上似乎并不适用。瓦莱丽在经历过一次失败的合作伙伴关系之后,又遭遇了一次。

瓦莱丽从过去的失败中吸取了教训,她要确保所有的约定都写进合同里。

这个合作伙伴是她的亲戚——她认为可以信任的亲人。这次的事业听起来有些冒险,公司的启动资金超过了 300 万美元,而大部分资金都来自于瓦莱丽自己。哪里出了问题呢?

公司的运作细节并不重要。症结在于:这家公司的主要股东空有强烈期盼公司繁荣发展的意愿,但却不能带着公司进步。这一切都没有明显的警示——重要的是,有很多问题潜伏在那里,即使你竭尽全力担负起自己的职责,也还是无法改变一切。

"令人吃惊的是,在开始的两年,一切都进行得很顺利。"瓦莱丽说,"我没有发现,他在领导能力和个人品德方面有着严重不足。我甚至怀疑他的心理是否健全,比如他好像有破罐子破摔的强制型心理倾向。"

"刚开始时,我对他并不担心。但后来不断有员工辞职,我开始意识到他缺乏领导能力。最后,令我难以想象的是,竟然有财务人员在亏空公司资产。"瓦莱丽说,"我的信用卡已经刷到了最高限额,出现了透支,而我对这一切毫不知情。公司的资产流向了另外一家公司,我却从未听说过那家公司。"

瓦莱丽对情况了解得越多,就越感到吃惊。

"我完全不能相信他是这样一个傻瓜,对公司竟然有如此巨大的摧毁能力。"瓦莱丽提起这件事来，至今还会狠狠地摇摇头，带着些许困惑的表情。"当发现这一切的时候，我已经束手无策了。我对他也毫无办法。我辞去了职务，不再对公司投资，只能眼睁睁地看着公司慢慢走向衰败。"

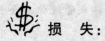 损　失：

直接损失（被挪用等）50 万美元；投资 300 万的公司最终破产。

 教　训：

你不能放松警惕。

事实上，瓦莱丽可以早做预防，以避免这一切的发生。你不能相信任何人，只能相信自己——这话听起来似乎很残酷，但它是金玉良言。

瓦莱丽自己做好了所有分内的事情，而且也都是正确的。如今回过头来仔细想想，她觉得这一切的发生其实是有过一些危险信号警示的，她原本可以让结局变得不同。

可惜事实是，瓦莱丽的这位合作者——一个聪明的说谎者，自暴自弃的家伙，自从取得瓦莱丽的信任就开始欺骗她。"嗨，这儿有一个苹果，来吧，来咬一口！"

商界存在风险，这也是这个行当有较高回报的原因所在。但是，你应该确定风险的大小。一般情况下，你和合作者之间共事是否顺利，总是会有一些迹象可寻，预估风险的时候，你是绝对不能忽略这些的。

瓦莱丽原本可以积极主动地做些事情来保护她的地位和投资事业，可是她没有。

"如果让我再做一次，我要说，我肯定会制定一份负责任的业绩责任书。如果谁对公司的业务额不管不问，那么他最终必将失去公司。"瓦莱丽说，"尽管如此，我对已经发生的事情还是无能为力了。"

即使你不爱说话，你也不能只是阅读那些统计数字，这些数字可能会掩盖对方应该承担的责任。你应该与员工谈话，与客户交流。你要了解：你的合作伙伴开会会迟到吗？你的合作伙伴是不是一直对公司进行着投资？

商业领域必须遵守的第一条铁律就是——保护你的资产。

 问　题：

你是否像信任自己一样信任你的合作伙伴？你是否像了解自己一样了解你的合作伙伴？

尽一切努力去了解你的合作伙伴的能力、性格、习惯、社会地位以及责任感。他（她）工作是否非常努力？如果不是，那么他（她）是否和你一样认真地对待你们的合作关系？

第 四 编

保持企业文化
——只要它没有倒闭

基普·廷德尔

姓　名：基普·廷德尔
（Kip Tindell）
公　司：集成商店
（The Container Store）
行　业：零售连锁
年营业额：3.7亿美元

　　1978年，基普·廷德尔（Kip Tindell）和他的合伙人加勒特·布恩（Garrett Boone）决定创办一家商店，组织货源，提供货品调配服务。他们打算通过这样的方式来帮助人们实现简便快捷的流水化生活。尽管"业内人士"认为员工参与管理及报酬（员工报酬比零售行业的平均水平要高100%～150%）违反常规，说服唯利是图的生产商提供零售产品也充满困难，但他们还是得到了理解，而且在很多方面比想象中要好得多。基普和他的合伙人希望自己的商店不仅是一家仓储型的零售商，同时还要成为客户方案提供者。成立之后，公司营业额年增长率达20%，这充分显示了商店的受欢迎程度。在某些时候，商店所面临的最大挑战是增长受限，因此不能小视对客户服务的关注。

　　现在，集成商店自豪地宣称，他们的连锁店遍布全美各地，商店面积从2.2万～2.9万平方英尺不等，陈列着1万多种新颖的商品。在每家商店，都会看到腰系蓝色围裙的店员，时刻准备帮助顾客解决任何事情——小到储存问题，大到货源组织。公司独一无二的企业文化——竭尽全力满足客户需求，提供一体化服务；员工参与管理；无可匹敌的产品知识，在各连锁店里随处都有出色的显现。

　　在领导集成商店的过程中，基普遇到了很多挑战，但是没有哪一个挑战像创造和保持企业文化那般备受苛求。

　　"只要你做的事情不符合常规，总会有一些老古董认为你不应该这样做。"基普说，"尤其是当你仅有25岁，而且没有任何实际经验时，可能很难坚持自己的观点和原则。不过，当你确信某些事情正确时，就必须坚持。"

这并不是说要固守那些错误的观点。有些时候，如果营销活动、人事问题或者大额投资方面出了岔子，企业家就必须及时制止损失。

其实，基普在 1984 年的时候就意识到，有时必须坚持某些正确的观点，同时主动去制止损失。这听起来似乎有些矛盾，但是基普认为，他必须坚持集成商店起初的运作模式，同时放弃在商店网络计划中的数百万美元投资。

"我们在 1983 年几乎失去了整个生意，就要关门大吉了。"基普说，"那时，我们投入三四百万美元，用于在运营中引入先进技术——雇用最好的顾问，购买最好的硬件和软件。"

"这是一次巨大的失败。"基普说。

问题出在集成商店有着自己独特的经营方式。例如，他们的员工不仅仅是销售员，更是空间顾问——仓储员，手工管理着品类繁多的货物。当然，这是在软件客户定制普及的十多年之前。在用科学方法迅速提高公司效率的时代，集成商店也开始尝试改变自己的经营方式来适应这种变化。

"结果差点使我们绝望！"基普说。"最后，我们解雇了所有的技术顾问，只剩下一位，因为我们认为他知道如何做事。我们花了两年的时间建设计算机系统，这个系统根据公司的实际情况做了改动。在这两年中，我们又回过头来手工做事。这不是一件容易的事情，但我们最终还是从这次失败中恢复了元气，最后建立了我们自己的客户定制系统，并且在此基础上继续发展。"

这个新系统就是一面网络镜子，映射出了商店最初的经营过程。

"它强调了我们从许许多多的挑战中所获得的一些教训——从商店的发展过速到人事问题的失误。你必须勇于坚持自己的正确观点。"

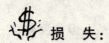 损　失：

在技术、培训以及系统方面大约 400 万的投资。

 **教　训：**

既要变革，又要保持企业文化。

涉及技术、管理哲学、客户服务哲学、投资战略等其他诸多因素，经营公司的观念几乎每周都要有一场变革，这对那些不善于接受新事物的企业家来说是一种悲哀。但是，如果新理念、新方法根本背离了最初成就公司的基础的话，公司的根基受到腐蚀，那么任何东西都将无法立足。

面对变革的迫切需求，不能操之过急，要依据发展的观点来进行考虑。精明的企业家会根据自己的业务情况，来改造这些新理念、新系统或者新方法，而不受其他因素的影响。

20世纪80年代，集成商店迎头赶上了公司业务计算机化的潮流，推行了大规模的体制、系统改造。问题是基普的操作步伐过快，他本应该确保他的顾问能够在理解集成商店的经营哲学之后，再将新东西融入到变革中，但是他并没有做到这一点。

 **问　题：**

你是否了解你的公司文化？对公司成功起主要作用的唯一的业务组成部分是哪个？一旦弄清楚了，你能否确保你所做的任何主要变革可以提升或者至少是支持公司的这种唯一性？

乔·克罗斯

姓　名：乔·克罗斯
　　　　（Joe Croce）
公　司：CiCi 比萨店
　　　　（CiCi's Pizza）
行　业：比萨连锁店
年营业额：1.4亿美元

　　乔·克罗斯（Joe Croce）非常清楚自己获得巨大成功的原因。创业时，他贫困不堪，食不果腹；但他人很聪明，他所雇用的第一批人也是如此。他是一个不怕撸起袖子把手搞脏的企业家，更确切地说，有点饭菜污点也不退缩。乔是 CiCi 比萨店的创始人。起初他本着一种最简单的理念——在比萨自助店里你可以吃到一切，获得了巨大的成功，在全国开了200多家授权连锁店。

　　"最初，我们同每个人都建立了平等关系，拥有共同的目标以及对形势的共同理解。"乔很天真地回忆着，"这是我们所创造的独一无二的文化。"

　　乔的员工工作很勤奋，而他的管理层又都是具有企业家思想的人。乔和他的员工像一群"赛马"，干劲十足，用实际行动争做领头人。他们遵循着乔最初创造的企业文化和模式，决心将公司发展成为年销售额达5亿美元的大公司。

　　这样的数字足以令一位普通商人高兴不已了，但是企业家的思维绝不于此止步。企业家们总是在问，我怎样才能做到更好？

　　乔开始观察那些年销售额突破10亿美元的企业。

　　"尽管我们像其他企业家一样有着自己的做事方式，可我们还是愿意经常去了解别人获得成功的基础是什么。"乔说，"所以，即使在大企业待了15年，我还是愿意去读《华尔街日报》上的故事，或者观看那些规模比我们大的企业的视频，然后说：'嘿，我要把这种模式引入我们自己的企业，我需要那种人！'"

　　实际上，有时这种态度是正确的。在某些时期，企业应该突破现有人员的限制，特别是当它的发展受限时——确切地说是企业在进行体制改革的时候。直到现在，乔仍然拥有一批懂得商业运作的"实干型"管理人员和业务人员。

　　但是，乔那时认为他需要的是思想家——宏观把握的领导者，无论如何他们都会为企业带来更高的效率，更宏观的做事方式。乔觉得只要引入思想家，就可能达到年销售额翻番的目标。因此，乔出去聘请了一名思想家，他设想这位思想家能凭借自己的知识和经验带领 CiCi 比萨店达到更高的水平。

　　乔聘请的这位新的首席运营官的简历非常吸引人，面试的表现也非常出色，同样还有他的经验——不同于 CiCi 比萨店已有的企业文化。

　　可是麻烦也就在那时开始出现了。

　　新的首席运营官所聘用的经理人与最初管理 CiCi 授权连锁店的"赛马式"经理人有着鲜明的对比，乔原以为这是好事。可没过多久，一切就变得糟糕起来，店里气氛低沉压抑，笼罩在一种精心组织的氛围之中。曾经被视为成功理念中的重要因素——对经理人的信任，也被从上到下的严密管理所取代。不久，原来的经理人纷纷离去，新的、易于模塑的经理人被雇了进来。

　　"这位思想家把商店搞得毫无生气和活力。"乔说，"以前，我的员工经常说他们帮助经理克服了困难，因为经理总是与他们同在现场，集中一切力量解决问题，并且懂得该如何处理生意中的意外情况。"

　　"这些新的经理人，在员工们的眼里是一群不知进退的笨蛋。"乔说，"他们之间没有尊重。这样一来，士气大跌，人员调整率迅速攀升。由于思想家们聘用的都是思想家，而我们也总是根据自己的想法去雇用员工，所以店里的员工必然品类混杂。目前，我的店里到处都是思想家。而我需要的是实际行动，而不是思想家。"

　　"思想家类型的人物缺乏遇事被动作出反应的习惯，他们通常是主动规定事情该怎么做。一旦所规定的程序没有现实的可行性，那么就会带来不良后果。主动出击倒不是什么坏事，但我需要的是适合快餐店生意的具体反应，而不是宏观空泛的思想。在快餐店生意比较清淡的正常工作日里，我们可以按部就班实施一些理念，而在生意火暴的周末和假日，我们需要根据具体情况灵活应对。"乔说。

实际生活和商业运作有着很大的误差。没有人能凭空想象出这样一种商业模式：不经历任何变故而始终能够正常运转。有一些商业模式很容易受到打击——餐饮业就是其中之一。乔需要的是那种既能够制造变故、又能扫清障碍东山再起的人，可是他却聘用了思想家。

六个月之后，所有那些无形的警示信号和不良的感觉都显现在年终盈亏报表上了。此时，乔把他的"赛马"也都换成了一群倔强的"骡子"。

"时间渐渐地证明了一点：老员工仍然沿用原来的工作方式，但是由于人员在不断更替，新员工又在按照错误的新方式做事。越来越多的老员工辞职了，原因是新员工的做法使他们感到懊恼。于是不久，整件事情便陷入了崩溃。"乔说，"在尚未意识到这一点之前，我的店已经变得面目全非了。"

乔不得不重新开始。他必须弄清楚：最初是什么力量支持他建立了比萨帝国；如果公司注入新鲜血液之后仍然充满活力，企业家就不应当对企业文化进行不必要的修改。

乔他们在得克萨斯的经历阐明了一个道理："同适合你的舞伴跳舞。"

这个过程浪费了一些时间，但 CiCi 比萨店如今已经回到了原来的轨道上，并且取得了新的巨大成功。

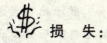 **损 失：**

无法计算。至少六个月销售额的下降，又花了六个月的时间来恢复；损失了一批有能力并适应 CiCi 文化的经理人。

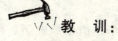 **教 训：**

不要雇用简历。

这往往是令企业家碰壁的地方。企业家若是知道某些经理人曾在大型国有企业或者跨国公司任部门领导时，他们便会假定这个人必须也必然知道部门的每件事情。毕竟，这是企业家的一种思维方式。这种观点正确吗？

不正确。实际上这样的想法往往是最不现实的。

"大企业的部门领导身边有人来处理细节，"乔说，"他们可能不会知道太多的事情。区域经理是具体做事的人，而部门领导可能负责同纽约的分析家们洽谈如何提高企业声誉的事宜。你可能在杂志里见过他，也说过'噢，我想雇用他'。"

你无法改造经理人。

认同这样的事实：有些行业本身就是狂热的、快节奏的，需要有实际操作经验的领导。而把一位思想家放到这样的企业里，想要取得成功只有一个途径，那就是夜以继日地和他在一起，教他学习企业文化，教他怎样去做小事情。可是如果你正在创建自己的公司，就不可能有那么多的时间给他。把 20 多年的企业经营的精髓教给他，并且转化为他的企业经营智慧，这几乎是不可能的。

从某种程度上讲，你可以改造经理人。

是的，这同以上的观点并不矛盾。乔最初雇用实干家，但他认为自己的店里需要思想家，因此他用一些思想家取代了实干家。最终的情形你也看到了。其实，乔可以把一些实干家转变成思想家，而且是具有实干精神的思想家。

"回顾过去，我已经为自己的失误付出了代价。我本来可以带领一些自己的'赛马'，去参加合适的课程和研讨会，赋予他们思想家一样的智慧。这样，我就不必为那些不会实干的思想家而付出代价了。"乔说。

 问 题：

你是否羡慕那些具有常春藤盟校①教育背景、华尔街培训经历、财富 500 强企业（Fortune 500）的执行官？你是否知道他或她的特点能够适应你的企业文化？

----

① 常春藤盟校（Ivy League-educated），美国几所著名大学结成的大学联盟，包括耶鲁、哈佛、普林斯顿、康乃尔等美国最古老的大学和学院。

第 五 编

企业家精神

萨姆·霍恩

姓　名：萨姆·霍恩
　　　　（Sam Horn）
　公　司：行为研究／咨询公司
　行　业：自由演讲者和顾问
　年收入：不详

　　全美著名演讲者萨姆·霍恩是从失败中爬起来的典范。她曾经遇到过很大的挫折，但拿到当今这样一个瞬息万变的商业世界来看，那些挫折其实再寻常不过了，甚至不值一提。

　　萨姆的故事同本书中其他人的故事大同小异，只是她告诉我们：并非所有的挫折都是不幸的，而且挫折在某些情况下还会带给你意想不到的惊喜，关键是看你如何对待挑战了。

　　萨姆曾经是网球运动员兼教练，在希尔顿·海德岛（Hilton Head Island）同职业网球运动员罗德·拉弗（Rod Laver）合作过。萨姆说："在那里我学会了正手吊高球，还学会了同大家畅饮福斯特啤酒。"20世纪 70 年代末，萨姆在华盛顿开始了她商务顾问的生涯。从面对 16 个听众略显青涩的演讲开始，萨姆一步一步建立起了在商界及协会范围内的商务顾问的信誉。

　　下面让我们来说说萨姆的挫折经历吧。

　　的确，萨姆的挫折竟是源于一副天鹅绒手套；更确切地说，是一副白色蕾丝花边手套——她结婚了，并随丈夫搬到了夏威夷。突然之间，她变成了"无名之辈"。在那里没有人认识她，也没有人想知道她是谁。

　　是啊，也许结婚，然后从美国东海岸搬到最西边住下来并不那么容易。

　　然而，现在有多少人并非出于自身选择而无奈地搬离了曾经的家园呢？有多少企业家在创业初期就要带着公司到处搬迁呢？让这位企业家不得不搬迁的原因，也许是她的配偶，又或许是出于家庭的责任感吧。

不管怎么说，萨姆还是放弃了她的家园，来到了所谓的"海外领地"（foreign territory），重新开始生活。

"从一位著名的成功人士一夜之间变得一无所有，没有人在意你是谁，要求自己适应这种落差带来的感受并不容易。"萨姆说，"当然，如果你计划转变，也不是不可能的。"

萨姆很信奉"处世才能"（social savvy）。处事才能、天分、才智以及品德都至关重要，任何单项都不足以获得成功。

"人们愿意同自己认识的、喜欢的或者尊敬的人做生意。"萨姆说，"这是生活中的现实。"

所以一到夏威夷，萨姆就立刻按照自己深思熟虑后制订的周密计划开始工作了。

"来到一个新环境，我们需要设法迅速融入其中，然后找到市场决策人。"她说，"之后向这些决策者介绍我们自己。这样他们就会判断是否愿意同我们合作。"

"重要的是，不要等待，要立即行动。"萨姆说，"我们要将自己毫无保留地呈现在那些决策者面前。不要抱怨，也不要总是为自己找借口。在遇到困难时不能退缩。"

萨姆不会冷不防地给客户打电话，也不会直接敲门推销。她是这样迎接挑战的：制定周密的计划，研究可行的、有望成功的作战策略。她收集了有关这个没有硝烟的战场的所有信息，包括她准备面对的人群及他们的要求。

"对我，对很多人来说，找到合适的市场决策人的最好办法是通过各种行业协会或团体。我正努力打入那些协会或团体之中，并且争取到一个引人注目却又有绝对自由的位置——不是委员的那种，也不是志愿者。不过，要想在大众面前立足，你也必须做到出类拔萃，同时也要能控制好你所做的一切。"萨姆说。

说到做到。比如，萨姆从夏威夷返回华盛顿时，她做的第一件事就是拉近自己与一个目标协会的关系——提供全天候的公益休养所，在家举办研讨会，等等。她的目的在于她自己的最大兴趣——发展新客户，以诚信为本来迎接挑战。

"努力追求个人兴趣没什么错，只要你能以诚信来回报大家。"萨姆说，"我所得到的是新闻媒体的报道、客户的推崇以及对我的服务的舆论宣传。但对我而言，最重要的是我为客户提供了最优质的服务，而且远远超过了他们的期望值。"

不要守株待兔，坐等电话——要主动推销你自己，以诚信为本。

让我们回过头来再说说萨姆搬至夏威夷重新开始商务生涯的经历吧。到当地的第一周，萨姆就到夏威夷大学（University of Hawaii）开始设法将她的新"专题"讲座引入继续教育的课堂。除此之外，她还为在五星级饭店举办签售活动做了准备。

"我备了课。我知道准备一门新课的最长期限，还要确保我的课程与其他课程没有重叠的情况。我必须写出一份课程大纲。我找到了决策人，而且我有把握在交谈后他会说'把你的课程大纲发给我'。所以，挂掉电话后的 20 分钟，我就将事先准备好的材料和我的个人简历传了过去。这一切让我最终获得了成功。"

萨姆说："这样的推销方式，关键在于要取得对方的首肯——无论在哪种场所，哪种行业。"

"这需要一些策略。例如，我知道他可能还会要一些相关的补充材料，但如果我选择邮寄给他，那么这些材料是不会在三天之内到他手中的；而且即使到了，谁知道这些资料又会在他办公桌上安静地躺多久呢！退一步说，就算他有时间看，恐怕也早就忘记我是谁了。"

"我会在电话交流后他对我还有印象的时间内，将资料递送到他手中。"

预见你的潜在客户、你的搭档、投资人或者顾客的需求，并准备好他们想要的资料。这个预见要求你提前做好调查研究。只有这样，你才能得到潜在客户的肯定。

刚开始报名时，选择萨姆课程的只有 30 人，他们中的大部分都邀请萨姆去他们公司或协会作了演讲。

萨姆还以专栏作家的身份将自己呈现在决策者面前。这些都在她的计划范围之内，而那些决策者也准许她以这种多重身份的方式加入他们的商业组织。

"不论你从事什么行业，你都可以进入那些行业的协会，或者为报刊撰稿。如果你不熟悉专业写作，那也可以为你曾经采访过的行业活跃人物做专栏。"萨姆说，"写专栏可以为你接近首席执行官或总裁们找到合理的借口，他们对你的印象也会比较深刻。做好这些，依靠的都是你的社交能力。"

其实，吸引决策者的注意力有很多方法，你要有创新精神。

搬到夏威夷一年之内，萨姆再次成了一名演讲者。在接下来20多年的演讲生涯中，她为各城市的50多万人次举办过研讨会或公开演讲。她还著有四本优秀的著作：《什么让你却步？》（What's Holding You Back?），《专题：聚焦并关注》（ConZentrate：Get focused and Pay Attention），《棒打七寸》（Take the Bully by the Horns）以及《舌上功夫！怎样扭转、缓和及解决言语冲突》（Tongue Fu! How to Deflect，Disarm，and Defuse Any Verbal Conflict）。

"主动出击是企业家获得成功的关键。可能某一天你做的某件事情就能够决定你的成败。如果你懒散、被动，那就一定不会成功。"萨姆说，"失败好似一种无声的谴责，让人恐惧万分。但我看到的企业家是积极进取的，不会被它吓倒。"

 问 题：

你面临过生活的重大转变吗？你曾经为迅速从失败中恢复、将经济损失降至最小而制定计划吗？

主动出击是企业家获得成功的关键，他们不会被失败吓倒。

辛西娅·麦凯

姓　　名：辛西娅·麦凯
　　　　　（Cynthia Mckay）
公　　司：美食礼品篮公司
　　　　　（Le Gourmet Gift Basket）
行　　业：定制礼品篮
年收入：200 万美元

很多企业家都承认自己在某种程度上缺乏应有的审慎，但辛西娅·麦凯却是例外。

辛西娅在人生规划和事业准备方面显然不是新手。她曾在英国伦敦大学（University of London）主修艺术，之后拿到了中佛罗里达大学（University of Central Florida）的文学学士学位，以及丹佛大学（University of Denver）的法学学士学位。至少可以说，她是个聪明人。

谈到小甜饼，自然要提到她的事业。1992 年，辛西娅在丹佛成立了美食礼品篮公司。那时的公司还只是个小小的家庭事业公司。公司当然不仅做小甜饼，它是为客户量身定制美食礼品篮的。

美食礼品篮公司在辛西娅的经营下迅速发展壮大，现在广泛分布于美国各州，拥有 410 家分销店。辛西娅在这项家庭事业中充分运用了经济学知识，而且用于管理的费用也相对较低，因此获得了丰厚的利润。作为自己独立经营的公司，鼓舞员工士气也是相当重要的，这一点辛西娅也做得相当不错。在自己的公司获得成功的同时，辛西娅帮助其他代销商获得成功的事例也为她赢得了声誉。比如，她为妇女创造商业机会的成绩使她获得了小企业管理局（Small Business Administration）颁发的优秀女企业家年度奖（Women in Business Advocate of the Year Award）。

辛西娅还因为她在商业上的成就而荣获美国大学妇女联合会先驱奖（Association of University Women Trailblazer's Award）。

前面我们说过，没有必要去注意那些失败或者错误。是这样的吗？

其实不然。

几年前，当事业如日中天之时，辛西娅决定从丹佛市区的办公室搬离，换个地方。她买下了前煤气公司的公共建筑，计划将它修缮后作为公司总部。

搬迁之事有很多重要工作等着辛西娅去做。她到处寻找工程承包商。之后要审核这些承包商的资质，看他们是否能提供安全担保以及是否上了保险。接下来就要开始施工了。

谁料想，在这两个月的修缮工作过程中，意外发生了——承包商的一名雇员在粉刷外墙时摔了下来，受伤严重。这个工人声称自己是从屋顶的瓦片上滑下来的。当然，辛西娅对此感到十分抱歉，但是她知道这件事得承包商来解决——毕竟他为此做了担保，也投了保。

然而，当不断接到医疗账单时，承包商不再愿意为此负责。他们觉得没有责任和义务为工人的事故买单。当然，他们曾说过会尽到责任——包括在公司黄页广告和营销宣传册上都说过。事实是，谁都可以到印刷厂印刷他自己想要的宣传品，却未必情愿为上边所作的承诺负责。

"这种行为显然应该受到谴责。但我得做好我自己的工作，就如我所预想的。"辛西娅说。

回头想想查查，辛西娅马上意识到承包商的保险合同已经到期了。也就是说，承包商正式进入工程施工时，已经不受法律保护了。

这里要告诉大家的是，辛西娅还要面临受伤工人的诉讼，尽管她并未直接雇用这位受伤的工人。

不过，辛西娅的律师并不这么看。他认为可以为自己的委托人洗脱罪名找到有利证据。很显然，承包商是有责任的——毕竟事故是由于他们的失职造成的，而且受伤的雇员和委托人的公司并没有直接联系。血检表明，这位受伤者因吸食可卡因，检查结果呈阳性。根据这些情况来看，法律应该是站在辛西娅这边的。

中国有句老话说："好戏就要上演了。"

可是没过多久，让辛西娅感到不快的情况又出现了。依据科罗拉多州法律，如果承包商没有投保或者没有和工人签订合同，那么承包商的委托人就要承担相应责任。还有，在审判员拿出血检证明的时候，那个工人声称检查是在未经他许可的情况下进行的。情况从这时开始变得糟糕起来——尽管来自那个工人的证词和证据是自相矛盾的，但那个工人和承包商都想把责任往辛西娅身上推。

最终，辛西娅输了官司，法庭判决她支付那个工人 100 多万美元的医疗及其他费用。幸运的是，辛西娅还能靠着公司职员的保险补偿来渡过难关。尽管这起意外事故不符合员工补偿费用的常规比率，但相比失去公司而言，现在的经济损失还算不了多么严重。

"在这件有失公平的事情过后，我一度陷入了消沉之中。"辛西娅回顾过去的时候说道，"法庭并没有给我申辩的机会。我最恨的是可卡因测试的证据被甩了出来。在之后的很长一段时间里，这件事深深地影响着我的生活以及公司的发展。"

一件又一件的事情让辛西娅终于坚强起来。这就是所有成功企业家所共有的特性：不屈不挠。

"当我的律师告诉我，我可能会变得一无所有的时候，我只是说了句'好的'。如果我真的失去了一切，那我还会从头开始——卖掉一切，从头来过。"辛西娅说，"我会卖掉房子，搬到一间只有两间卧室的公寓，然后重新开始新的生活。没有什么事情大到可以让我放弃梦想。"

"最后，我发现我比想象中要坚强得多。我知道自己一直在坚持不懈地努力。我还发现自己比想象中要聪明得多。我变得越来越自信，也越来越有安全感。相信我，我再也不会庸人自扰了。"辛西娅说。

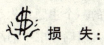

损　失：

上百万的诉讼及赔偿费用；一年半的快乐。

教　训：

她没有使用适当的预防措施。

来自于企业家思维方式的最大问题——目前还没有解决方案——就是这些企业家对工作及目标充满激情。他们总以为所有的人都和他们一样乐观，也都充满着激情与诚恳。因此，大多数企业家都很难理解那位工程承包商的行为。

辛西娅要求承包商提交保险合同，而他提交的合同其实已经过期了。这里不得不说的是，这位承包商还真有胆量，因为如果一个人提交了存在问题的合同，那他已经触犯了法律。

　　辛西娅现在依据法律允许的手续来对承包商、经销商以及雇员进行背景调查，这些调查结果将成为委托或雇用的原始资料。她还公证每一份合同以及其他文件，这为她将来在法庭上据理力争提供了强有力的后盾。

法律并不总是站在你这一边。

　　辛西娅是懂法律的，可以这样说，她虽不是劳动法专家，但她所掌握的法律知识远比大多数企业家丰富。然而，在承包商事件上，科罗拉多州的法令却是不利于她的。事实是，美国诸州的法律多是保护大众的，对雇主或商人并不多么友好，不止科罗拉多这一个州。有时太过依赖法律并不是明智之举。当你冒险涉入一个新领域时，不论是从地域考虑，还是从运营角度出发，都值得你花费较多的时间与金钱请个好律师，来为你保驾护航。

　　令辛西娅没想到的是，承包商的加入其实是一种欺骗行为，如果事前就告诉她相关的责任条款，那么她一定会更加慎重地核实承包商的保险及其相关资格。

 问　题：

　　你是否注意到缺乏尽职的调查是本书比较普遍的一个主题？你是否真的对你的顾客、厂商或者承包商做了足够的调查，以确保书中的故事不会发生在你身上？

　　永远都不要相信那些厂商或者承包商的片面之词——没有什么可以取代尽职的调查工作。

　　你想把控的事情，你就必须了解。凡事要提早使用适当的预防措施，尤其是法律问题。

苏珊·琼斯·克奈普

姓　名：苏珊·琼斯·克奈普
　　　　（Susan Jones Knape）
公　司：Knape and Knape
行　业：广告代理一体化服务
年收入：1500 万美元

　　苏珊·克奈普可以说是拥有了一切——成功、聪慧、吸引力——她是女性商业领袖的先驱。在 20 世纪 80 年代，当一部分女性仍在试图到达——更不用说突破——"玻璃天花板"（glass ceiling）① 的时候，苏珊就已经开始谋划建立自己的广告代理公司了。

　　苏珊并不是一夜之间就成功的。她曾是一名时尚模特儿，两个孩子的母亲，《金钱规则：使女性赚钱更多、积累更多、拥有更多的 50 种方法》（The Money Rule：50 Ways Women Can Make More，Save More and Have More）一书的作者。80 年代初她又成了自由撰稿人和广告专家。她的专长和才干使她的业务越做越大，越做越好。她把握住了难得的创业机会，放弃了从前的工作，开始为一些大规模的广告和公关活动提供设计者、作者以及客户管理服务。终于，在关键时刻，她与丈夫共同创建了一家一体化广告业务代理公司。

　　但问题很快就出现了。

　　"刚进入商界的时候，我并不知道如何经营。我对于广告业务、广告设计以及客户管理这些事情都非常了解，但却不知道如何以商务手段来经营一家公司。"苏珊说，"当公司开始运作时，我并没有坐下来好好想一想：'这需要技巧。'"

　　今天再来看这个问题，可以说是决策上的重大失误。苏珊承认，在

----

　　① 玻璃天花板（glass ceiling），欧美流行的一种说法，指女性晋升时会遇到看似没有但又确实存在的障碍。

潜意识里，她一直认为丈夫可以管理好金钱。苏珊出生在 20 世纪 60 年代一个传统的家庭里，在这样的家庭环境中长大的她自然认为男人能够很好地管理钱财，而她只要在创意方面把自己的才干发挥出来就可以了。

然而，苏珊最终发现丈夫在理财方面还不如自己。

"我来做这件事，让人们有些难以置信。我原本认为丈夫具备我们所需要的财务技能，可事实是他在这方面的能力似乎比我更为缺乏。"苏珊回忆说。

意识到夫妇俩都没有理财能力，苏珊说她知道自己该做什么了：全身心投入，学习如何管理公司财务。

"作为一个商人，总还是有后知之明的。"苏珊说，"我也有后知之明。我曾经天真地以为自己不仅能做好财务工作，还能继续搞创作……但最终我还是放弃了学习那些繁杂的财务公式，决定雇用一名首席财务官为我管理财务。"

苏珊雇的这个人叫马克（Mark）*，是一个会计师，曾在达拉斯的一家广告及公关代理公司做过类似的财务管理工作。

苏珊雇用了马克，并将所有财务工作都交给了他。因为马克是会计师，苏珊甚至把掌管公司税款的权力都移交给了他。

在接下来的两年时间里，不知是真的对自己在财务方面的技能没有信心还是故意装作无知，苏珊对公司的财务状况不闻不问，甚至在公司将要被另一家公司收购时，她也还是这种状态。

"我会问马克我们的财务情况如何，而他总是说'很好'。当时，这对我来说就足够了。"苏珊说。从她的声音和语气中，我们明显看出她是在自责。

在 Knape and Knape 为自己制定了新业务目标后的几个月，有一天马克来到苏珊的办公室汇报财务状况——问题发生了，他在缴纳税款的工作中不如从前严谨了。原来，为了促使客户购买产品，在媒体上大打广告之后，公司会先支付一定费用代客户购买产品，然后卖给客户。代理公司向厂商购买产品是要及时支付款项的，如果公司及时支付了厂商，而客户又未能及时支付给公司，那代理公司的现金流就会受阻，就

---

* 因属个人隐私，这里用的是化名。——著者

没有足够的资金代客户购买产品。马克长期以来都是先给客户开具发票，而这样代理公司就发生了相当的应缴税款。马克认为当务之急是支付厂商的货款，而不是缴税给美国国税局（IRS）。因此，事发之时，公司有多达 25 万美元的应缴税款，美国国税局成了悬在公司头上的利剑。

永远不要为了其他厂商而漠视国税局的存在。如果你偷税漏税，那就别想有好日子过了。

"我立刻把马克开除了，然后和正在收购我们公司的拉金－米德－斯凯戴尔（Larken，Meader and Scheidell，LMS）公司共同计算出应缴的税款，并优先处置。此举帮助我摆脱了国税局的麻烦，同时也警示我以后必须亲自管理好自己的核心财务。"苏珊说，"最后，罚金和利息合计，公司多支出了大约 35 万美元。"

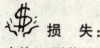 损　失：

大约 35 万美元。

 教　训：

想想苏珊在雇用 CFO 时忽视了什么必要的工作？

也许有些刚刚起步的企业家读过本书之后会产生一种想法：针对企业家客户成立一家服务代理机构，替他（她）们考虑处理某些看似细枝末节的大事。

苏珊雇用马克时并没有审核他的相关资料。她是后来才知道马克在原来的工作单位曾有过管理不当的记录。当得知这些时，苏珊感到深深的后悔。

"我为自己开脱，说那时我太忙了，没注意这些细节。"苏珊不无自嘲地说，"那时，如果我肯花一个小时的时间打几个电话进行核实，那么现在就不会损失这 35 万美元了。"

时刻关注你的财务状况。

不论男性还是女性，并非所有的企业家都愿意读书——这是性格问题，而不是性别差异的表现。企业家大多是理想主义者，他们很少会亲自关注细节问题。也是，如果一位企业家整天考虑如何制作财务表格，那么干脆当会计好了！

　　但是，不论你对一个人委以怎样的重任，你都必须毫无例外地亲自掌控公司的财务状况。

　　而且你至少——就算会计人员每周或每月给你呈报一次财务报表——还是需要聘请一名公司之外的会计来核实公司财务。资产负债表中隐藏着许多外行人看不出来的问题——外行的企业家也不例外。如果哪位企业家目前还没学到或没有掌握财务知识，那么就必须请别的机构来协助核实自己企业的财务状况。

　　"你必须将自己投身进去。"苏珊说，"这是你的公司，不是别人的，没有人可以取代你。"

成功的不利因素

　　苏珊在当时还不只遇到了上述的困难，与美国国税局事件同时发生的还有房租的麻烦。在成立 Knape and Knape 公司的时候，苏珊曾与房主签了一份租期五年的房屋租赁合同。签合同时，房主要求苏珊签署私人担保，苏珊的律师告诉她这是"标准条款"，苏珊自己也认为应该没有什么问题，于是就签了。

　　问题又出现了。遭遇税务危机之后，苏珊决定卖掉公司，于是，她又面临着房屋五年租约的问题——此时离租约期满还有三年。她找到了房主。

　　"我告诉房主我不再需要这房子了，想跟他协商解除后三年的租约。"苏珊说，"对方拒绝了我。因为合同上的租期是五年，无论我用不用，都得付他五年的租金。"

　　房主强硬地坚持：苏珊还欠他共三年的合同租金，每月 1.7 万美元，这笔账必须支付；否则，一概免谈。

　　"我表示会帮他把房子转租，或者支付百分之几的违约费用，但房主毫不退让。"苏珊说。

　　最后，苏珊的法律顾问告诉她：要解除承租责任，唯一办法是申请破产。尽管苏珊很不情愿这么做——她并没有其他的私人债务——但她还是无奈地申请了破产。

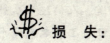 损 失:

时间，麻烦，增加的利息，还有破产损害信誉长达七年的困窘。

 教 训:

你有权弄懂关于房屋租赁的一切细节。

除去薪金，房租是许多公司的另一项大开销。在处理房主和经纪人的问题时，企业家们总觉得这二者好像是连在一起的。但在你的经纪人眼中，你是他的当事人；在房主眼中，你是他的顾客。

不要害怕面对困难。你可以提问，如果有不懂的事情，可以随时提出来，直到弄懂为止。在房子问题上没有什么事情是不能协商解决的。你的经纪人应该具有攻击性，而不应该是好好先生。

而且就因为有些事情的"标准"，才不会"令人满意"。

"说到底，你必须面对这些问题，并且乐意去解决问题。"苏珊说道，"女性企业家比男性企业家更难做到这些，但是你永远都不能放弃经济支配权。"

穿戴要分场合。

不管对男性还是女性，这都是经验教训，也的确是事实：在任何场合下，女性都会以最佳的精神状态出现在他人面前；而男性则会依情况而定，注重在危难之时的特殊表现。

苏珊认为房主如此苛求的原因在于，那一天，她手拿着帽子出现在房主面前，要求中止合同。她像平常一样打扮得特别时髦——全身都是普拉达①和香奈儿②！其实她同美国国税局打交道时，也是如此的穿着打扮。

"我本来是到国税局为我的财务困境做辩解的，可他们看到的还是原来那位穿着名贵鞋子的时尚的达拉斯小姐。"苏珊说，"也许他们认为我把资金交给他人托管了，并不是实质性破产。"

---

① 普拉达（Parada），意大利人马里奥·普拉达（Mario Parada）创立的品牌，现已成为国际时尚品牌，主要产品有手袋、行李箱、鞋履、短裤等。
② 香奈儿（Chanel），世界著名奢侈品品牌，产品众多，如服装、香水、皮包等。

　　当你沦为贫民的时候，看看你的穿着就能知道。人们经常从外表来判断你。当你想获得成功时，就要从外表上先让自己看起来像个成功人士；相反的，当你要得到债权人、房东或者美国国税局的宽限和帮助时，最好穿得朴素些。

　　这是苏珊学到的最重要的经验教训，不是吗？

　　苏珊认为，这些对女性更为适用。坦率地说，几乎没有谁会不从她的观点中受益。

　　"历经艰苦才能改变一个人的性格。你需要不断地观察、学习，才能取得进步。每件事情的发生都是有原因的。艰难困苦更能锻炼你的性格，使你有所收获。"

 问　题：

　　如果你没有什么商业背景，那么你会选择进修一门会计或金融培训课吗？这样可以使你对公司财务状况有个基本了解。

　　签署法律文件时，你是否具备足够的法律知识来承担违约所造成的影响？

　　上下打量，你的着装是否得体？

　　财务在一个企业来说非常重要，如果你没有商业背景，你就应该选择一门相关课程，或者业余进修。

哈尔·布赖尔利

姓　名：哈尔·布赖尔利

　　　　　　（Hal Brierley）

　　公　司：艾普赛隆数据管理公司

　　　　　　（Epsilon Data Management）

　　行　业：数据库营销

　　年收入：5000 万美元

　　之前我们也说过——就在这本书里——"陈词滥调"总有它被重复强调的理由。它们都是经过时间验证了的、正确的公理。比如说，不要以貌取人。外表有时会误导你。或者用一句俄国谚语来说："相信，但先核实（Trust，but Verify）。"尽管是老生常谈，但许多企业家还是常常会忽视这些真理。

　　哈尔·布赖尔利就是这样的傻瓜。作为一名教育工程师和天生的企业家，1970 年哈尔看到一家新的名为电子数据系统（Electronic Data Systems）的公司在系统管理方面取得了成功，之后便决定开创一片自己的事业领域。他与哈佛商学院（Harvard Business School）的同学一起创建了艾普赛隆数据管理公司（EDM），并全身心关注非营利性组织，如举世闻名的圣地亚哥动物园（San Diego Zoo），世界野生生物基金会（World Wildlife Fund）以及美国雪橇队（U. S. Ski Team）。

　　正如许多企业家所表现的那样，为了发展事业，哈尔必须得是个多面手。他知道自己的权限是什么，其中一项就是管理账目。最初，哈尔采用的是——记录的一套记账方法。这样做的好处是桩桩件件一目了然，把信任放在了值得信任的地方。在这一点上，哈尔比其他许多企业家做得都好——他们是靠眼睛"概览"，而不是凭借哈尔这种详尽的工作来决定事情。

　　当公司开始发展壮大的时候，哈尔知道自己需要更多的资金来进行运营和投资，而那些银行家和风险投资家们所提供的一位数的贷款根本无法满足需要。

　　"为了借助知名会计师事务所的影响来给银行家们留下深刻的印象，我们引入了普赖斯·沃特豪斯（Price Waterhouse）为公司进行年终审计。"哈尔说，"正是在那次审计过程中，我认识了肯尼思（Kenneth）*——一个年轻自信的人，他的表现和教育背景都给我留下了深刻的印象。"

　　哈尔知道，授权是获得成功的关键。毕竟他的商业数据管理外包理念是建立在授权基础之上的，而公司则致力于核心竞争力。

　　"我决定雇用肯尼思，把他吸纳为公司的管理人员，这样我自己就可以把精力集中在销售和发展公司上。"哈尔说。

　　肯尼思参与公司管理，哈尔把注意力放在了公司发展上。在接下来的几年里，公司发展非常顺利，哈尔的决定似乎没有错。肯尼思每月递交给哈尔一份财务报告，报告一律都显示了公司的快速增长，数字看起来没什么异常。照这样下去，到1973年12月，哈尔就能积累20万美元的资金来投入公司的进一步发展了。

　　艾普赛隆数据管理公司这艘大船在蒸汽的驱动下，似乎是在视线范围内正常航行。但事实上，它的船体已经开始进水，而且在前面不远的地方将会出现恐怖海峡。

　　1974年春天，鉴于EDM公司的发展范围越来越大，哈尔决定聘用一名副总裁来掌管财政大权——也就是说，肯尼思在工作中要向这位副总裁汇报。谁想新的人员一到任，肯尼思却辞职了。这本应该引起公司的高度警觉，但因为事情似乎没有什么不顺利的，所以面对肯尼思的辞职，除了失望与困惑，没有人想到之后会有更加糟糕的事情出现。

　　"当我们开始接手账务管理的时候才发现，肯尼思的办公室里一片混乱，令人难以置信——当然不是指办公室的布置安排没有秩序。"哈尔说，"在那件事过去25年的今天，我仍然能感到肯尼思当时是多么排斥他人进入自己的心里。"

　　肯尼思那些漂亮的数据以及每月的财务报告都是欺骗。哈尔发现了成堆的未经计算的账单，所有费用都被列在了资产负债表上。就像斯蒂芬·金（Stephen King）的噩梦一样，公司一下子从贷方变成了借方，

---

　　* 因属个人隐私，这里用的是化名。——著者

蓝字变成了赤字。一天之内，公司从拥有雄厚资金变得一无所有了，并且以最快速度开始濒临倒闭。

"在之后的三天里，我吃力地整理完了肯尼思留下来的成堆账单，新的副总裁也辞职了。"哈尔说。

哈尔和他的公司面对的是一个艰难的局面——他们不得不自己来清偿账务。令人感到欣慰的是，当肯尼思挪用公司的资金去赌博或干别的勾当的时候，哈尔并没有浪费时间，他获得了一项新的业务，所得报酬足以维持公司来年的运营。如今，公司必须缩减开支，密切关注债权人的动向，还要努力保证合作伙伴所承诺的偿付能力兑现！没有人能用魔法来挽回已经造成的损失——除了自己不断进取，不断工作。直到 1978 年，公司才算恢复正常，年收入达 1000 万美元，其中利润达 10%。

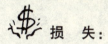 损　失：

无数个不眠之夜；几乎整个公司。

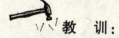 教　训：

无知带不来喜悦。

你是否意识到了本书所渗透的一个普遍而引人关注的主题？它就是：企业家们大都有一个共同的弱点——不注意细节。他们大部分人对生命及人性持乐观的态度，所以他们听到的总是自己乐意听到的话；对于自己不太了解的工作，也总是相信那些可能被人为地描金涂彩的汇报，而不去过问真实的情况。企业家们总是以他们看到的来下结论——无论是产品还是服务——所以如果有人提及假象背后的隐情，影响了他们当下的心情，他们就会讨厌这个人。当然，他们也知道欺骗行为总是存在，人有时是会说谎，但测谎并不是他们所擅长的。

"你的公司不可能不碰到危机——这里并不是指授权所造成的危机。你可以放弃你应尽的责任，但是你不能不面对放弃这份责任所导致的后果。"哈尔说，"这些都是你不可逃避的责任。"

哈尔在 EDM 公司获得的经验非常有用。他现在是 Brierley and Partners 公司的创始人和首席设计师（Chief Loyalty Architect，CLA），这是一家拥有 200 名员工、专门从事客户关系管理的公司。

 问　题：

你是否做到了让你的公司远离危机？作为老板，你是不需要去处理那些普通的日常工作，但是如果日常工作没有处理好，这些责任还是会落到你的肩上。

你是否曾雇用别人来管理你不熟悉的业务？如果是，你就需要一个部门来对这些业务进行反复核查。问"愚蠢的问题"总比做愚蠢的决定要明智许多。

　　企业家既要学会授权，又不能对日常事务不闻不问。问"愚蠢的问题"总比做愚蠢的决定要明智许多。

拉里·温格特

姓　名：拉里·温格特
（Larry Winget）
公　司：Adtel，Inc.
行　业：电信
年收入：200 万美元

不要带着悲伤去理解拉里·温格特的故事。作为美国非名人的高薪专业演讲者之一，拉里完成了 19 部著作，但他并不以此为骄傲。

现在，拉里作为励志演讲师的黑马而被公众所熟知。他是一位成功的哲学家，自己也很乐意如此生活。拉里通过简单的例子、易于理解和实践的观点以及有趣的故事，讲述着最普遍的原理——对任何人、任何行业、在任何时候都适用。

拉里演讲说，公司里的成员进步了，公司的情况就会得到改善；我们变好了，生活的一切就会变得更好。拉里认为，对自己感到抱歉的感觉很不好。这种态度使他获益匪浅。

20 世纪 80 年代，拉里带领自己的电信公司达到了事业的巅峰，但随即又全部赔了进去，倾家荡产。他失去了一切，甚至是房子的最后一块砖瓦。

拉里的经历非同寻常。他是一个典型的小镇男孩，在俄克拉荷马州的 Muskogee 的鸡场长大。拉里出身于（用他自己的话说）穷苦的白人家庭。

获得哲学和图书馆科学的学位之后，拉里开始在西南贝尔公司（Southwestern Bell）工作，他是公司第一批男接线员中的一员。显出自己在推销领域的才能后，他很自然地做起了营销工作，最终成为 AT&T 在堪萨斯（Kansa）的区域销售经理。

当公司经历 20 世纪 80 年代初期的衰退的时候，拉里领取了一年的补偿工资，成为第一批被扫地出门的员工之一。那时的他具有可以向任何人销售东西的信仰，但对开办并运营公司却一无所知。

不过，在那个时候，信仰坚定的拉里不会因为某些细节——例如没有经验——而减缓步伐前进。这就是他的问题所在——不注重细节。他搬到俄克拉荷马的塔尔萨（Tulsa）市创办了自己的电信公司。

"关于经营公司，我一无所知，但是我有一项过硬的本领。"拉里说——他操着懒散的西南口音，没有一丝悔悟的意思，口气相当地自信，"我知道我比任何人都会销售东西。我找了一个安装师，很快地，我们就联系到了许多安装业务。业务多得忙不过来，我们只好不断地招聘更多的员工。仅仅几年之间，我们就建立了俄克拉荷马最大的独立电信企业。"拉里处理业务跟处理其他事情一样：自信但不注重细节。与许多企业家一样，他以前和现在都只是一个领导者，而不是一个职业经理人。他厌烦数字和表格，根本就不是能够整天坐在桌子后面的人。

拉里着眼于宏观，当现金流紧张的时候，他采用最直接的解决方案来处理问题——创造更高的销售额，增加收入，这一点他做到了。

经过几年的稳步增长之后，拉里慢慢对电信业失去了兴趣。电信公司不再吸引他（如果曾经吸引过他的话）。

"我知道，我想成为一名演讲者，只要有一个舞台、一个听众，我就会很快乐。"拉里说。

因此，无须考虑太多，拉里开始了他的进修课程。在出去学习演讲知识的时候，他让那些优秀的经理人来负责公司，并放手让这些人去经营。听起来似乎是合理的解决办法——追求新成功的同时仍然保持现有的成就。公司的年销售额达 200 万美元，而且仍在茁壮成长。那么，错又在哪里呢？

在商业世界里，也许有比拉里更快垮掉的案例，但是我们还没有找到。

"我对数字从不擅长，而且也不感兴趣。"他说，"因此，我不注意销售额是如何下降的，支出是如何增长的。"

"的确，在他们经营着公司走下坡路的那几个月里。"拉里说，"我去他们那里也还是没有关注细节。我能做到的就是联合优秀的经理人遵循我的领导，那是我们成功的方式。"

很多事情一起爆发了。拉里原本认为的经营公司的"优秀经理人"也有一年没有缴纳个人所得税了。拉里回到公司，试图把事情拉回正轨，但是失败的力量已经达到了极限的速度，唯一的选择就是破产。1989 年，拉里提出了破产申请。

"超支及过度扩张使我们走到了尽头。我们是自己的成功的受害者。"拉里说，"我失去了一切，而且还欠了 IRS 的债。这是非常恐怖的！我害怕接电话，害怕失去我的房子。我甚至卖掉了我的劳力士金表为房子还贷。每个周末我都要进行一次旧物处理。"

认真的读者会明白这不是结局。实际上，对于拉里，他的失败是真正成功的开始。

"我想起 10 年前的白手起家，于是对自己说：'我会东山再起的'。"拉里说，"回顾过去，我很高兴所发生的一切。如果什么都没有发生，那我就不会处在今天这个位置上。这也是激励我走出去，阅读上千本书，竭尽全力学习如何成为一名职业演讲师的动力，因为这是我曾经想做的一切。"

拉里的第一步是：出售他知道的东西——销售知识。他翻破了 Tulsa 黄页，给书里的每一家企业打电话。不论这家公司有一个还是上百个销售人员，他都会去培训。

"我的收费很低，三小时收费 50 美元。就算只有一个业务员和我，我还是会在那里。"拉里说。

几个月后，拉里参加了俄克拉荷马演讲家协会——从家庭食物基金挪用 25 美元交了学会——他想要从专业人士那里得到一些建议。

"这些专业人士说，要真正做到以演讲谋生，至少需要五六年的时间。我用了五六个星期就开始赚钱了。我的作风是不愿意牺牲太久的时间。"

此后，拉里不再担心没有经验之类的事情，他不断地工作、工作、再工作。在 37 天里，拉里锁定了价值 8.5 万美元的演讲——这相当于他每场的费用是 1200 美元。

现在，拉里一年有 300 多天都在忙碌奔波，所收取的演讲费是业内最高者之一。

"使我不断强大的原因是我从未怀疑过自己的能力。我并不仅仅是想成为一名演讲师——我立志要成为最优秀、最富有和最著名的演讲家。"拉里说，"我相信，你也可以获得成功。它需要的是获得成功的意愿，不能折中，也不能妥协。"

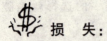

损　失：

数千万美元。一家非常成功的电信公司。而且你别忘了，那可是在
20世纪90年代电信业繁荣之前。

教　训：

关注路线及进度。

企业家做事，往往不会跟随鼓手的鼓点。他们通常是粗枝大叶
的，如果他们不能强迫自己检查盲区，那么就需要一些行家里手来关
注这些细节。

拉里讨厌数字，他需要一些能够关注、审查细节的人为他工作。
他以为自己做到了，但事实上并没有。如果一个企业家在某些业务领
域做不到尽心尽责，那他就应该雇用那些注意细节的人来弥补自己在
这些领域的缺位。保持责任到位。盲目的信任会导致失败。

"这是我的失误。我本来应该注意到这些，可是我没有尽到责任。
而且，我雇用的经理人不具备主人翁意识，自然他们也不会像我一样
认真。"拉里说。

追求成功的时候，要保持警惕。

成功可能是企业家最大的敌人，它会使你变得懒惰，也会使你忽
视细节——那些当初曾积累成功的细节。

成功是件危险的事情。把握不好，我们成功了——很快地赚到了
很多钱，紧接着又很快地花掉了这很多钱。

爱它或者离开它。

你是否热爱你从事的行业？如果不是，考虑卖掉它，或者正式离
开它。如果你拥有无法充分监管的投资，那就可能会导致债务问题。
你可能会想："他们工作，我来获利。"有时候这是对的；但它同时也
意味着："如果公司经营失败，我同样必须承担所有的债务。"

"没有人会像你自己那样来照料你的公司。如果你想出局，那么
利索一点。"

不要听从"不能"：去做自己需要的。

傻子不吸取别人的教训，但更傻的傻子则是用别人的经验来限制自己。学习其他的同行者，但也不要犹豫点亮你自己的路程。

拉里不愿意听从那些专业人士的话，他们告诉他想在演讲这行谋生首先要经过很多年的学习，而拉里则是径直去工作。

"大多数人缺少学习以及做事的意愿。我愿意在教堂的地下室向某个小俱乐部里 10 个昏昏欲睡的老人演讲，因为我想获得上台的机会，学习、锻炼。这就是我今天在这里的原因。"拉里说。

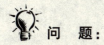 问　题：

在保持现有业务的同时，你是否也在考虑开始其他的业务？如果你打算把日常管理职责交给公司的某一职员，你是否制定了详尽的责任计划，包括严格的报告日程以及你的不断参与？

你是否愿意去做你必须做的事情来促使自己成功，还是觉得这些对你并不重要？

第 六 编
艰难时期

乔·安·布鲁梅特

姓　名：乔·安·布鲁梅特
（Jo Ann Brumit）
公　司：KARLEE
行　业：客户订单制造
年收入：8000 万美元

乔·安·布鲁梅特（Jo Ann Brumit）并没有按照常规取得商业上的成功。作为一名企业家的女儿，她起步缓慢，一直处在成功的大门之外。高中刚刚毕业，她便结婚生子。不过，她并不只是一位居家妈妈。她在一家小公司上班，而且公司鼓励她去夜校学习会计。"在那时，我几乎成为拥有自己的公司的准控制者。"乔·安说。

不幸的是，在生完第二个孩子之后，她的婚姻就像高中时代的浪漫故事的普遍（虽然并不总是）结局一样，最终以分手告终。

"我父亲一直向我灌输这样的观点：掌握自己生活、获得真正幸福的唯一途径，就是拥有自己的事业。我的事业虽然没有如期开始，但我最终还是拥有了它。"乔·安说。

乔·安开始培养自己的商务技能。她参加了更多有关会计、企业管理以及金融方面课程的学习。在参加一次拓展研习班时，她在达拉斯认识了一位经营小型天然气公司的男人，当时他的公司只有 14 名员工。

乔·安说："在研习班上，这个男人告诉我，他为制作公司的工资册竟然雇用了三名妇女，并问我能否帮他解决这个问题。我以顾问的身份进了他的公司。当我为相关工作制定出相应的工作流程之后，就再也不需要三个人来做这一个人就足够的工作了。"

那时，一家规模不大的石油公司的老板卡里（Kiarlee）对乔·安的印象非常深刻，想全职聘用她。

"我记起了父亲曾经说过的话，便告诉他我可以做这份工作，但必须让我拥有公司的部分业务，否则我不愿意加入公司。他回答说'当然可以'.."乔·安回忆说。

提出自己的要求的时候，你有可能得到的最糟糕的答案是"No"，此外不会再有什么。人一定要勇敢。

石油公司老板卡里被乔·安的人格魅力深深打动了。此时，他对乔·安的了解比任何人都要多。经过一年的接触，一段罗曼蒂克的故事萌芽了。一年之后，卡里与乔·安步入了婚姻的殿堂。在随后的20年里，乔·安和她的丈夫，以及后来加入公司的他们的子女，将公司发展成了年收入高达8000万美元的大公司，雇用了500多名员工。

乔·安的设想是创建一家制造型企业，采用行业中的最好流程，同时建立经验丰富的团队来专注于客户服务，专门针对客户的需要来生产产品。就这样，卡里公司从最初的石油天然气公司发展成了一家定制集成产品和服务的企业，诸如钣金制造、精密加工、综合布线、机电装配，等等。20世纪90年代中叶，公司专注于半导体和电信行业，锁定了一个固定客户群。

卡里公司的运作取得了巨大的成功。2000年，公司荣获了久负盛名的马尔科姆·布尔里奇全国质量奖①，以表彰他们的业绩、营利能力和卓越表现。

当年，公司高层领导被邀请到白宫受奖。那是一个政权过渡年，时任总统比尔·克林顿曾邀请卡里到白宫椭圆形办公室，而实际上这个奖项是2001年由新任总统乔治·W.布什颁发的。

就在一切看起来都达到最佳状态的时候，另一件事情不期而至。

"我们正在远离这个辉煌的时期。之后的六个月里，销售业绩开始下滑。我们一直坚持着，直到最后意识到公司必须裁员。可我们行动得太迟了——至少晚了六个月。"乔·安说，"此后短短的一年之内，我们便不得不将员工从500多人减少到185人，而此前我们从未裁过员。从1980年起，公司每年都在赢利，而且利润不断增长。如今，年收入从8000万美元迅速降到了1200万美元。在这样的情况下，大多数的公司

---

①　马尔科姆·布尔里奇全国质量奖（Malcolm Baldrige Award），美国国家质量奖。以曾任商务部长并认为质量管理是美国繁荣和长期强大的关键的马尔科姆·布尔里奇命名，依照国家质量奖法案颁奖。

根本无法生存下去。"

乔·安说："我们确实对所发生的事情没有任何准备。我们没有搞多元化经营。我个人对于资本扩张并不是很明白。公司85%的业务集中在电信领域，当这个行业衰退时，我们面临的不仅是订单的减少，还包括那些已经预订产品的公司无法支付货款的状况。直到20世纪90年代中期，达拉斯电信业突然转好，但我们公司还是开展了良好的多元化经营。我不想错失良机。"

不管利润如何丰厚，永远不要孤注一掷。将更多的业务投入某一个行业会获得更大的利润，这样的想法也许是精明的；但如果这个行业衰退，你的生意也必然随之衰落。无论如何，业务一定要多元化。

乔·安说："我们的反应不够快。公司裁员和减少设备会让我们很痛苦，但早做决定会更好一些，因为现金储备是更为关键的事情。"

你不可能在流水中徘徊不前，而这正是乔·安曾经做过的事情。当你必须向一个方向或者另外的方向移动时——即缩小规模，保持适度，降低成本，以保证公司的正常运转，此时如果你仍然停滞不前，最终一定会疲倦、沉没甚至溺死。

为了恢复公司的元气，使其正常运转，乔·安向她的投资合伙人以及合作银行寻求帮助，以获得新的贷款和额外融资。结果，他们统统给她吃了闭门羹。

"我犯了一个很严重的错误，那就是公司只有一家合作银行，因此我没有权力也没有影响力，我的处境很被动。"她说。

我们不止一次地提到，有选择权就有权力。我们一定要做到居安思危。当一切进展顺利、现金不断涌入时，获取资金要容易得多；当你毕恭毕敬地寻求资金时，情况就会很糟糕，你会不断地听到"No"这种答案。

后来，乔·安开始实施一个新的计划。她对公司的收入和成本都保持密切关注，并且制定了一套公式来计算比率。如果达不到这个比率，不管这个值如何接近，公司都会立即削减开支。

乔·安说："我们要顾全大局。比如人员方面，有些时候，尽管我们很不情愿，也想照顾到每一个人的利益；但是，我们仍然会牺牲个人而保全大局。"

当公司收益下降时，一定要尽量缩减各种开支；当公司的状况有所好转时，可以再度恢复正常。切记：现金流转就是企业生命的血液。

公司的复苏之路非常艰难，一切都需要重建。乔·安和卡里投入了大量的精力去关注更广泛的产品销路。他们找到了处理员工事宜的最佳方式——坦率和诚实。

"我们对员工非常诚实和直接。我们告诉他们：'我们目前的情况就是这样，不出两周可能就要裁员某某人。我们要专心工作，尽力满足客户的需求。如果我们做不到这一点，裁员人数就会更多。如果我们做得很好，就能赢得客户，公司也会重新聘用我们的员工。'员工理解我们正处在一个艰难时期，也很感激我们如此坦诚地对待他们。"乔·安说，"尽管情况难以预知，可员工们还是会竭尽所能。因为他们明白，我们也在为他们争取工作，他们的努力也是一份投资。"

诚实地对待员工，并向他们灌输主人翁的意识，这能让你赢得更多的支持，比任何方法都有效果。

卡里公司 2003 年的收入是 1900 万美元，到 2004 年收入达到了 2800 万美元。所有工序都在按部就班地进行着，公司也重新找回了向前发展的动力。

乔·安也得到了另一个教训。虽然此时她已经使公司恢复生机，她还是提醒自己：即使公司面临倒闭的时候，也不要让自己的幸福和自我完全湮灭。

"一次这样的经历真正地考验了我的自信心。起初的确是度日如年，但是随着时间的流逝，我逐渐意识到，即使公司失败了，我也可以过得很好。在 20 多年里，我把自己的成功与公司紧密相连，我认为自己活着的目的就是为了发展公司，接触那些与公司有联系的人。"乔·安说，"现在我明白了，上帝自有安排。我只要真诚地度过每一天，为已经打开或者可能开启的门做好准备就够了。当你达到这样的境界时，就会发现忧虑减少，而自信心增加。这是多么令人惊喜的事情啊！"

"我们同样惊喜地看到了团队成员的意愿和支持的重要。他们团结在一起，甚至不惜减薪以确保公司的生存。"乔·安说，"卡里公司现在更加强大，对业绩的盈亏也给予了更多的关注。我们已经发展成更加多元化的公司，而且对公司的弱项也更加清楚了。"

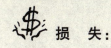 损 失：

几百万的收入；一段持续攀高的收入增长史；一些错误的想法。

 教 训：

为目前的不足做好充分准备。

世事多艰。成功等式中没有常数，所有因素都是变量，因为它们也像生活中的其他因素一样，必然受到变化的影响。高高在上地观察当前发生的事情是远远不够的。应急计划必须到位，以预防每一个可能的突发事件——收入的减少，现金流的断裂，商品或服务市场的变化，客户需求的变化。要提前寻找资金来源，以防不测事件的发生。

总之，你永远都要为自己留有选择的余地。

 问 题：

你的业务是多样化的吗？如果不是，在你所从事的行业里，你能否保证它始终健康发展呢？

没有人能预测到电信行业的迅速衰落，尽管这种衰落损害了很多公司的利益。将收入来源扩展到尽可能多的不同行业和领域中，这样能使风险降到最低；使公司更具实力，这样可以吸引更多的资金或潜在的客户。

罗布·所罗门

姓　名：罗布·所罗门
（Rob Solomon）
公　司：US Online Holdings，Inc.
行　业：电信
年收入：4000 万美元

　　如果你能够获得一堆金钱，将它们投入到冒险的活动中去，全部失去了，一切又重新开始，从不提及自己的损失……
　　　　　　　　　　　　　——《如果》作者：拉迪亚德·吉卜林

　　本节将超越策略的层面，用更加整体和哲学的观点来看待一些问题。罗布·所罗门的故事与其他许多人一样，有时候他认为自己的故事在众多商业失误中有些像陈词滥调。他是第一个这样说的人。与众不同的是，他在破产之后，没有逃避，而是花费大量的时间来反思。有些时候，不管你如何优秀、精明、机智，还是准备如何充分，面对险境时也可能无力回天。

　　但是，失败后应该如何把握自己，这与我们为获取成功而努力工作是同等重要的。本节不再关注罗布所犯的错误，而是关注他在碰壁中所吸取的巨大教训。

　　罗布在很多方面都堪称典型的企业家。在大学时他就是这样。他的第一份工作是与别人合伙成立一家不动产投资公司，之后仅仅一年的时间，罗布就成立了他自己的多家不动产投资、管理以及发展公司，业务主要集中于得克萨斯州的房地产业。

　　1996 年，一个非常偶然的机会，罗布投身到了电信行业。在与一个电缆供应商争夺圣安东尼奥（San Antonio）的一处房产的过程中，他结束了公司的运营，建立了该房产的小型电缆系统。很快地，他将这一项目拓展到了其他的多处房产中，最终抽资易股成立了 US Online 公司。公司立即开始寻找其他大型的房产，为长途、当地电信、电缆以及因特网布线。

当时正是电子通信在消费者层面的全盛时期——这个世界正在布满电线。

"最初我们没有雇员，没有客户，没有收入。此后三年间，我们在9个城市间展开运营，取得了4000万美元的收入，雇用了100多名工人，公司市值达到了1亿。"罗布说，"那时候，我们走在热销的轨道上，处于科技发展和电信业的最佳时期。全世界都经历着疯狂的营业额（而非利润）增长，用户此时显得比收入还重要。"

那是一个鲁莽的时期。

"在电信行业，你必须在营业额增长和赢利之间做出选择。如果你想增长，就不得不投入大量的金钱。"罗布说，"我们变得像'瘾君子'。我们的投入和建设的速度还不够快，因此无法赶上需求。"

电信行业本身的复杂性使所有工作都不那么轻松，尤其对那些像罗布一样的人——他承认自己不是技术专家。

"这是一个变动性很强的行业——技术、规制，还有动态家庭资源共享以及资本因素。"他说。

为了满足增长需求，罗布不得不寻找外部投资。他花了一年之久，实际上仅仅是为自己的业务以及资金而奔波忙碌。他算了一下：飞行里程几乎达到了20万英里，错过了数次家庭生日宴会——这给他的婚姻生活造成了很大的压力。有两次，他以为募得的风险投资万无一失，但经过二次评估或棘轮团队（ratcheting term）的变化，还是在最后的关头功亏一篑。

经过一年奔波的徒劳，罗布决定让公司上市。但那时是1998年底，Rueell 2000 刚刚破产——这意味着对于一家小型电信公司而言，有效的公开招股基本是不可能的。不过，没有任何理由支持放弃的选择——在听取了一些外部建议之后，罗布认为他应该和一家上市公司进行反向合并，而且他也这样做了。

"当我们认识到上市是最佳路线时，就去极力地促成这件事。我们提高了资产净值。"罗布说，"我们获得了近1亿美元的新资本。"

但是事情只要搅到一起，就会开始崩溃。比如，罗布突然意识到他不再是公司的主要决策者了。

"我从拥有公司、控制公司的老板、掌柜，变成了一个拥有大笔固定资产净值的打工仔。公司变成了民主制，而不再由我一个人拍板儿。董事会有很多规矩，我必须对股东和外部董事会（outside board）作出回应。"罗布说，"当这个行业如此迅速地从繁荣转向衰败时，压力就进一步加剧了。"

在接下来的这段时期，电信产业的泡沫破碎了，每个人都疲惫不堪，天才与小人物仿佛在一夜之间区分了开来。

"当时，叫得最响的声音是资本市场拉动电信。"罗布说，"投资者对电信公司的评估由基于订户转为基于收入，好的公司和不好的公司纷纷被套牢或下跌。这就是事情的经过，不堪回首。"

在这里，我们跳过了故事中的许多细节。简单地说，罗布同董事会的关系开始僵化，以至于他最终出局，而且公司也已经资不抵债。公司仍在坚持运营，不过不再是扩张，相对于 20 世纪 90 年代末的辉煌时期来说，其规模也仅仅是过去的一小部分而已。

这故事重要的是它的结果。

"我花了大量的时间来回顾整个经历。"罗布说，"我没有让自己陷入损失 4000 万美元的打击的沮丧之中——我尝试着从中看到一些好的方面。比如在资金运作、与人相处、专业技能、如何对待政府规制以及金钱等方面，我还是学到了很多东西的。"

"重要的是，我认识到自己是如何披上了超人的外衣（Superman complex）的，而在我被拉回地面的过程中，我懂得了谦卑的重要性。"罗布说，"我明白了，人不能对自己确实不懂的事情（技术或者政府规制）冒充内行。而在过去，我试图控制所有的事情，即使它们都不在我的专业范围内。"

"我还认识到，在 US Online 的运作过程中，我从始至终都没有一个真正的目标——即被称作 BHAG（Big Hairy Audacious Goal）的一个巨大的多元化的创新的目标。"罗布说，"如果我根本不知道终极目标是什么，那么经营公司成功的关键又将是什么呢？"

最后，罗布说，他的视野开阔了，他吸取了 A 类性格很难接受的教训，那就是：有些事情你无法控制，你必须足够谦虚，才能弄清楚那些不懂的事情。

"在 US Online 公司中，我发现自己曾对一些无法改变的事情做出反应，而这就是一种浪费。我得到的教训之一便是：当我处在只能反应而无法控制的位置上时，就不去理会。"罗布说，"我现在把精力集中在那些我能够理解并且可以控制的业务上，不再涉足那些需要大量人力、财力的行业或者政府控制的行业。在这一点上，我唯利是图。'保持简单化'是我的信条。"

"我也被一群比我聪明的人围绕着，当我有了他们，自己处在不合格的位置时，我绝不尝试成为一名战略家。"罗布说，"最重要的是，在几乎毁坏了我的健康以及对事业的痴迷之后，我发现自己需要把握好工作、婚姻和健康等方面的平衡关系。"

现在，罗布和他的妻子特蕾西以及两个儿子定居在得克萨斯州的首府奥斯汀。他把从 US Online 得到的教训应用在生活的方方面面，并领悟到成功的真谛。他目前是 Bulldog Solutions 的主要成员，为美国和加拿大的大中小型会议提供方案，包括音频、网络以及可视会议平台等。他还担任着 Keedo USA 的首席执行官，这是一家非洲成衣设计生产线的分销商。此外，他还领导了一个投资团队，收购了 Texas Sailing Academy——美国负责海岸防卫认证的最古老的学院之一，提供介绍、租赁、保养和维修以及经纪等服务，目前正在运营。

损 失：
一家资产 4000 万美元的公司。

教 训：
事业不能损害生活与健康。

企业家们大多是拼命三郎，对事业、工作十分执著。这耗去了他们的大部分时间，减少了和家人在一起的美好时光，也可能损害他们自己的健康。成功不应该只定义在公司的业绩上，也应当包括你的家庭和身体。

 问　题：

你是否在心理和精神上都为不可控的环境做好了准备？而这可能使你的事业遭遇岩礁密布的浅滩。

你是否会在收拾残局、重整旗鼓中，吸取一切教训，哪怕是一次失败的教训呢？

默尔·沃尔丁

姓　名：默尔·沃尔丁
（Merle Volding）
公　司：Bane Tec，Inc.
行　业：银行高科技处理系统
年收入：6 亿美元

　　这是一个简单的故事，讲述的主要内容是：在有些时候，你必须违背传统的智慧和经验来做事。

　　80 岁高龄仍然参加滑雪和徒步旅行，默尔·沃尔丁（Merle Vold-ing）的简历像是在对历史上一些最关键的时期进行强调。他在十几岁的时候，就担任了二战时期太平洋战区美军的密码译解员。20 世纪 50年代，他曾经担任过达拉斯地区最重要的一些公司的会计师和管理者。50 年代末至整个 60 年代，拥有"蓝色巨人"（Big Blue）称号的 IBM 公司正值鼎盛时期，他在其中曾任程序员、经理、市场营销员、售货员等职务。在另一家拥有 2 亿美元资产的大公司任副总裁一段时间之后——即 1971 年，在其他专家开始考虑提前退休的年龄，默尔·沃尔丁却创建了自己的公司——Banc Tec。

　　如同我们在许多企业家身上看到的一样，默尔只把成就当作人生旅途的晋身之阶，他根本不会在这些成就面前停止前进。出生在艾奥瓦（Iowa）的农场，默尔的出身并不非常卑微；他正式的学历是根据《美国兵役法案》（GI Bill）的规定，通过服兵役而免费获得了艾奥瓦州立大学的会计学学位。

　　经营公司几十年之后，默尔表示，在担任 Recognition Equipment 公司副总裁的过程中，他才第一次真正获得了企业的经营经验。尽管他不是公司的创始人，但从创建开始他就在那里，而且一直伴随企业成长为2 亿美元的大公司。随着公司的不断壮大，他在经营中不断积累经验教训，并最终弄懂了公司的运转模式。于是，他辞职成立了 Banc Tec 公司，主要致力于开发银行和信用卡公司的高科技处理系统，业务范围小到编制支票，大到开发高速图像处理系统。

从 1971 年开始到 80 年代初期，Banc Tec 逐渐成长为一家资产 4000 万美元的公司。公司的大部分收入来自于较小的技术项目。但是，公司的目标是开发和销售更大的集成处理系统，比如那些可以发展成为上百万美元的 IMPAC 系统。

那时正是 1983 年，整个美国经济处于低迷时期，而公司刚刚向南达科他州花旗银行（Citibank South Dakota）卖出了第一套 IMPAC 系统。

"当经济不景气时，说服大公司来投资小公司经营的上百万美元的大项目，这是一件十分困难的事情。他们认为，这会使风险呈指数增长。"默尔说。

开发和完善 IMPAC 系统对于 Banc Tec 公司而言意味着一笔高昂的持续不断的支出，在停止那些正在谈判的交易之后，公司状况迅速从 7 位数的收入转变为 7 位数的负债。

"我们召开了董事会会议，讨论应当进行多大程度的削减，甚至讨论要减少产品开发，因为费用实在是太高了——但是我反对这个观点，因为这个提议太垃圾了。"默尔说。

董事会精简了所有感觉冗余的地方。决策很艰难——包括解雇员工。默尔此时意识到，要促成那些处于成功边缘的交易，他必须在公司之外发挥作用。

"当一家小公司向诸如花旗银行或美国运通（American Express）之类的大公司销售大额产品时，他们更愿意直接约见首席执行官，而不仅仅是一个业务员。"默尔说。

但是，这同时意味着默尔不能将所有的时间都投入到公司的运营监管中了。幸运的是，在识别设备公司任职时，默尔认识了一位金融专家，两人私交甚好，而且默尔非常信任他。于是，默尔专心出去跑销售，聘请了他所信任的金融专家来负责公司的日常运营。

经过痛苦的精简、艰苦的工作和对销售的投入，默尔和他的团队终于带领公司走出了泥淖。到 1987 年，经济重新繁荣起来，而默尔在此时从公司管理岗位上退休了；不过，直到 1994 年他一直是董事会成员。

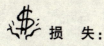 损　失：

几乎整个公司。

 教　训：

你不能控制所有的事情，但可以专注于某些事情。

经济低迷也是生活的组成部分，因而每一次商业投机都是一场冒险。在整个经济处于低迷的时候，默尔采用某些过激的措施挽救了公司，而在这个过程中，他也获得了许多有价值的经验。

紧急情况下要打破常规。

本书不止一次提示：没有人会像你所期望的那样，对公司做到尽职尽责，你也不可能对所有事情都照顾得面面俱到。但是，可能会有某个时期，需要你集中所有力量去处理某些棘手的事情——即使这些并非你的职责。特殊情况需要特殊对待。默尔经历的就是这样的情况。对于默尔来说，比较幸运的是，他有自己非常信任的人，而这个人同时又是一位出色的执行者，能够在默尔致力于营销的时期协助他管理公司事务。

听取不同意见。

乐观是一个企业家最好的朋友和最大的动力，但同时它也是企业家致命的弱点。默尔透露，其实，在 1983 年就已经有信号预示着麻烦正在形成之中，但是他却对此掉以轻心，并确信交易会达成，一切都会进展顺利。

"我没有什么东西可以用来平衡我的乐观。"他说。

不要惧怕有人批评你的团队。要鼓励你的执行者队伍中有更多不只说"yes"的人。你可能不会——而且也不必要——同意他们，但是他们所提出的观点会促使你思考。如果在团队中确实有你信任的人，那么鼓励他私下来见你，即使不发表任何负面观点，他也会积极发挥反对者的作用。这是一个工具，可以促进你做正确的事，同时也能够帮助你预见可能做错的事，你可以由此在形成观点之前就改变路线。

 问　题：

如果你的主要现金流受到阻碍，你是否拥有其他的创收渠道用来维持现有客户并对其提供增值服务？

你有信得过的人能接管你的职责吗？你是否应当强迫自己把注意力集中于公司的某个单一的方面？

你是否有勇气并愿意来进行某些必要的精简，以保证你的生意能够经受住一场金融风暴？

企业经营遇到困难是不言而喻的。艰难时期，与亲人一起融入大自然，从中会获得奋发的力量。

罗丝玛丽·罗塞蒂博士

姓　　名：罗丝玛丽·罗塞蒂博士
　　　　　（Dr. Rosemary Rosetti）
公　　司：ROSEEI 公司
行　　业：咨询师、作家、演说家
年收入：不详

在本书中，罗丝玛丽·罗塞蒂的故事是独一无二的——她在生意中面临的挑战既不是来自营销、财务、运作、人事、合作伙伴或者法律问题，也不是来自失败造成的后果——不论是由她自己还是由别人的失误而引起的，更不是源于市场低迷。

看来，这确实是上帝的旨意。

为什么要在这里讲述这个故事呢？用罗丝玛丽贴切的说法是——身为企业家是她的事业，而她的事业就是她的生命。

企业家是独立的——他们不需要"公司"来依靠。作为企业的思想领袖，他们的地位是不可取代的；他们是拉动列车的火车头。不管他们属于哪一个行业，也不管他们的商业模式、市场运作是什么，企业家都要做好准备，以预防突发事件的发生。

1998 年，在罗丝玛丽辞掉俄亥俄州立大学（Ohio State University）的教职一年以后，她成了一名专业的培训师、演说家、作家和商务顾问。实际上，这位前农业教育教授、园艺设计师以及《健康室内植物》（The Healthy Indoor Plant）——一本园艺指南——的联合作者，对于那一天发生的事情仍然历历在目。如果这是好莱坞的一部电影脚本，人们一定认为那实在是太悲惨的巧合。

6 月 13 日是罗丝玛丽结婚三周年的纪念日，她和丈夫马克决定，到俄亥俄州哥伦布（Columbus）城外骑车度过那个美好的下午。阳光明媚，景色宜人。他们驱车来到一条小路上。

"到了那里，我们把自行车从汽车里取出来。就在那时，我迈出了人生的最后一步。那是非常美丽的一天，天空如加勒比海一样蔚蓝，气候宜人。我们几乎完全拥有了这条小路。"罗丝玛丽回忆说，"骑到最后，我们去买冰激凌蛋筒。"

就在这时，罗丝玛丽听到丈夫说："快看那里，有东西掉下来了。"罗丝玛丽看到一些树叶正在飘落——那可是仲夏时节啊，某种本能提醒她要加速。马克惊叫："小心！"但为时已晚，她根本没有看到事情发生。

一棵80英尺高的大树倒向了这条小路，压在了罗丝玛丽的身上。转瞬之间，她的生活改变了——背上的五块椎骨、颈部的两块椎骨被砸碎，她的腰部以下瘫痪了。

经过大面积手术，包括从臀部到背部的骨骼移植，罗丝玛丽在重症监护室待了五天，随后又在医院里康复了五周。

那时，她拥有两家公司——一家出版公司和一家演讲、培训、咨询公司。但是，用她自己的话说："受到这样的伤害，你的经济状况就不会太乐观了。我比较幸运，因为我有伤残保险。这是我的收入支持体系，因此在财务上我没有受到损害。"

同为演说家的一位朋友兰德尔·里德，每天去医院探望罗丝玛丽，甚至每天都给她的朋友发送邮件通报她的病情。出院之后，罗丝玛丽仍要接受两年的治疗，即每周要有三天进行专业的康复理疗。

在这种情况下，许多人都会屈服于生活，颓废不堪，即使是意志坚强的企业家也不例外。但是罗丝玛丽和她的朋友兰德尔·里德都没有如此。在罗丝玛丽出院仅仅两个月之后，里德就坚持要与她合作完成一项演讲任务。演讲的主题是"如何克服公共演讲的恐惧心理"。罗丝玛丽觉得有些好笑，因为这是她第一次坐着轮椅在讲台上演讲。

一切都进展困难。罗丝玛丽在出事之后无法实现先前所制定的计划了。好在合同是与演讲合作者共同制定的，在这一点上，罗丝玛丽是有先见之明的。当她需要帮助时，演讲合作者能够向她伸出援手。但是罗丝玛丽没有准备好通信设施，加上在医院的几周，由于药物效应，她的意识不是十分清晰。那时候，她把自己的职务和社会关系委托老规划师富兰克林代管。她的丈夫也竭尽全力地研究她的业务，但是没那么容易。

罗丝玛丽凭借着别人的帮助和自己的刻苦，努力工作着。但是，由于太多的电话没有回复，太多的事情没有完成，因此需要一个合适的计划来解决这些问题。

罗丝玛丽是幸运的，她深谋远虑，买了健康和伤残两份保险。这看起来有点不值一提，但企业家在创业初期往往总是削减个人支出，大多不会去买什么保险，这就不能不说罗丝玛丽有先见之明了。

"人们应当看看自己的保险，保证它能够涵盖最坏的情况。"罗丝玛丽说。

在那场差点要了命的事故之后，罗丝玛丽以自己的抱负、毅力克服了身体的不便；而抱负、毅力同样支持着她继续走下去，改变了自己的事业。

今天，罗丝玛丽取得成功的主要业务除培训和咨询外，还有励志演说。她的写作领域从园艺学主题扩展到了出事之后生活中的励志故事，她成了一名专栏作家。做到这些，对她来说，实在令人不可思议！罗斯玛丽有一些到位的计划——也许不是十全十美，但是已经足够。事发之后，她希望自己能有更加完善的计划。

每一位企业家都是自己领域里洞悉一切的上帝，在人群中占据着不可低估的主要地位，就像牧羊人监管着牧羊犬和羊群一样。这是一个假设：对自己绝对信仰是企业家思维模式的关键所在；否则，企业家就可能成为别人的雇员。企业家起领导作用。

如同尤利马斯·恺撒（Julius Caesar）从元老院获得荣誉一样，有些时候，企业家需要有人走在他的身边，在他左右时刻提醒他（她）："你终有一死。"

有些突发事件可能使领导者暂时无法操控自己的企业。聪明的企业家使用应急计划保证现金流转、处理突发事件，直到他有能力挽回局面。不管是个人生活还是一份事业，智者都是争取做到最好，但又总是为最坏的事情做好打算。

用肩膀扛起整个世界并没有多大问题，但是当不得已要哈哈腰、耸耸肩的时候，一定要有地方安置它，并确保它的安全。

 **问　题：**

你认为因为一棵树的倒下而瘫痪的可能性有多大呢？基本不可能？罗丝玛丽也是这么想的。

你是否有应急计划保障你的个人和商业资产的安全？

你在建立人际关系和签订合同时，也能做到有人替你接管吗？如果一场灾祸袭来——就像本文中的故事，你是否有足够的伤残保险？

第 七 编

卖掉你的“孩子”

杰夫·斯蒂普勒

名　字：杰夫·斯蒂普勒
　　　　（Jeff Stepler）
公　司：TelCom Training
行　业：企业培训
年收入：2000 万美元

　　很少有人能像杰夫·斯蒂普勒那样对《教父Ⅲ》（Godfather Ⅲ）中迈克尔·克莱昂内（Michael Corleone）愤怒的悲鸣如此深有感触："每当我想退出的时候，他们总是把我拖回来！"

　　杰夫在血统上属于加拿大人，富有教学才能的他在 1989 年时开始为北电网络公司（Nortel）制作教学课件。他搭上了通信革命的首班车，可谓幸运。

　　但一年之后，问题就出现了。像大多数具有企业家思维（对于这一点，甚至连他自己也没有充分地认识到）的人一样，杰夫并不想只是为大公司工作。他打算自己创业，可是北电网络公司非常欣赏他，就与他签订条件优惠的合约，让他继续编写课件。

　　对于一个人来说，北电网络公司的工作量太大了，于是杰夫雇用撰写人来帮忙编写课件。课件的范围扩大了，由单纯的技术课件扩展到培训课件，而且还不断地扩展着。

　　这样就是诞生了 TelCom。

　　几年之后，美国西方公司（US West）找到杰夫，请他为其培训 400～500 名项目经理、设计师和讲师。杰夫的公司出色地完成了任务，US West 把他的课件确定为他们的培训标准。

　　到 20 世纪 90 年代初期，杰夫的 TelCom 公司年收入已达 400 万美元，大约有 40 名全职雇员。此后，杰夫的公司持续稳定。加拿大贝尔公司（Bell Canada）打算外包自己公司的培训项目，TelCom 赢得了这单生意。几乎是一夜之间，公司的雇员就从 40 人增加到了 250 人。解除电信管制后，电信行业飞速发展，而合同也雪片般地向 TelCom 飞来。

很快 TelCom 就全面承揽了北电网络公司的光学培训项目。随后 GTE（现在是 Verizon）将所有的培训业务也外包给了 TelCom 公司。这些庞大的本国或跨国公司日常经手的都是高科技的、难学的复杂问题，因此在当时的背景下，这种培训对于公司而言是耗资最大的一部分，也要占用大量的资金和地皮。

到了 20 世纪 90 年代后期，TelCom 在北美有七家分公司，年收入达 2000 万美元，名列加拿大 100 家增长最快的公司之中。

"此时，公司需要有新资金注入来推动发展。我们开始和那些在通信领域寻找机会的投资商进行接洽、商谈。"杰夫说。

对 TelCom 伸出橄榄枝的是 Advantage 公司。

"我觉得自己一直是小心翼翼的。我与他们达成了一项协议，协议规定三年之后，他们可以买下 TelCom 公司的三分之一，但要先支付一定的预付现金和他们的股票。"杰夫说，"我想用这种方法更好地了解他们，当我们达成交易时，就能确保我的公司可以更好地运作。"

经过几个月的洽谈，TelCom 和 Advantage 达成了协议。依照协议内容，TelCom 收到了预付金——一张 100 万美元的支票。

但协议在签订的那一天就埋下了祸根。协议规定：Advantage 的收购额的一半以现金方式支付，另一半则是"一定数量"的（a set number）Advantage 股票，而不是"一定市值"的（a set dollar）股票。仅在交易达成的几个月之后，Advantage 公司就迎来了一个倒霉的星期，整个事件蹊跷透顶。

Advantage 公司的首席执行官当时正在办理离婚，作为离婚协议的一部分，他要把自己拥有的公司股份的一半转让给前妻。谁知离婚以后，前妻很快把这些股份卖掉了。在市场观察家的眼中，这就相当于那位首席执行官把自己一半的股份给抛售了。这家公司同时还宣布了一项 1000 万美元的重组计划。随即有消息说，这连四分之三的股份都收购不到。经历这两种打击中的任何一种，Advantage 的股票都有希望渡过难关，但这些打击同时发生在一个星期之内，也就在这一个星期，Advantage 的股价从每股 26 美元跌到了 13 美元。

杰夫回忆说："我想退出，便找到他们这么说了。我很无助，没有选择的余地，所以他们提出的要求我必须接受。幸运的是我和 Advantage 公司老板的关系还不错，可以商议退出的方式。但他们掌握主动权，为了退出这笔交易，我不但要返还那 100 万美元订金，还要另外支付 50 万美元。"杰夫说，"因此，第一次并购交易就使我损失了 50 万美元，走了一段弯路。"

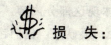 **损　失：**

50 万美元现金。

 **教　训：**

找出解决问题的办法。

如果你在从事股票交易，或者类似杰夫的事件——与某家上市公司处于一种收购关系，那么你就要下些额外功夫。杰夫无法预测股价的下跌，但作为入门者，他应该像那位首席执行官一样了解自己所拥有的股票数额。

当然，不同的合同会有差异。对于杰夫来说，在交易过程中，当有些情况不能预测时，他不应该接受以合同价格为准的"一定数量"的股份，而是要全部、至少也要一部分是"一定市值"的股份。另一种解决方案是：在进行交易时，要保证以最低的股价成交。

同一首歌，第二幕

收购交易之后，带着一些困惑，杰夫又重登驾驭者的宝座，生意仍然蒸蒸日上。随后，Front Line 公司出现了。新公司得到芝加哥一位大投资家的援助，这家公司对收购 TelCom 公司充满兴趣。

"这一次我告诫自己：'我一定要拿到一半的预付金。'"杰夫说，"收购的价格是 1100 万美元，我们同意对方以 600 万美元的股票及 500 万美元的现金进行支付。他们预付了 250 万美元的现金，剩余部分将在六个月后付清，并规定我们公司支付给他们一定数量的股份。"

然而，事情并未成功进展。问题出在 Front Line，它是一个收购大鳄——它收购了一家又一家的公司，风险投资家也把它当作一个金钱交易所，希望大赚其钱。然而，在过去的几年中，它所收购的公司几乎没有做好的，因此，风险投资家逐渐对此失去了兴趣，撤销了投资。而与此同时，TelCom 按照合同规定支付给 Front Line 一定数量的股份，并且热切地期盼着第二张 250 万美元的支票。

"自合同签订之日起，我就设想着这笔钱已经到账，或者已成为公司的闲置资金。可是在合同中，我并没有明确地体现这部分内容。"杰夫说，"我甚至忘记在合同里写进违约的惩罚条款。很显然，他们违反了合同，但由于被我们提起诉讼的不仅是 Front Line，还有 GE Capital，他们完全承受得起我们在法庭上的无限期的纠缠。"

杰夫决定制止自己的损失。

"那时我意识到，连续两年半的时间里我都在设法出售自己的公司，而如今我仍然拥有它。"杰夫自我解嘲地说道，"所以我又一次与 Front Line 公司协商出售公司事宜，并且和他们共享收益。"

不久之后，一家年收入 3 亿美元的上市公司——Smart Force 出现了，杰夫将 TelCom 卖给了它，完全是现金交易。这笔交易于 2002 年 6 月达成，与 Front Line 公司仍然利益共享，杰夫和 Smart Force 开始并肩作战。

事情大致就是这样。

在达成这次交易的几个月后，另一家叫做 Skill Soft 的公司意欲收购 Smart Force 公司。在这个过程中还出现了一段微不足道的小插曲，但这已经不算是杰夫的问题了。Skill Soft 公司收购 Smart Force 公司时，合约规定要为 TelCom 而给杰夫 500 美元的补偿——其中有一半是给 Front Line 公司以便结清旧账的。收购之后，Skill Soft 公司不需要 Tel-Com 公司的外包服务，而停止运作 TelCom 就需要 100 万美元。因此，他们向杰夫征求意见，问他是否愿意回购这家公司。

到目前为止，杰夫满口答应，他给 Skill Soft 公司列了一份项目清单，并说他愿意以 1 美元的价格提供给公司。杰夫没想到还有很多其他的买家，Skill Soft 公司不必花钱就可以把 TelCom 这个部门顺利结束。杰夫这一次中处于"猫声鸟"①的控制地位。即使有其他的买家，杰夫

---

① 猫声鸟（catbird），产于北美的一种鸣禽，叫声像猫。一般栖在树木的最高枝，美国人因此以之比喻显要职位和有利形势。

有了三年的出售公司、与多位经纪人周旋的经验，最终也能完美胜出。

杰夫目前继续开发着他的下一个投资项目。没有哪一位企业家能够如此持久地保持获得荣誉。但是杰夫在这次经历中学到了很多，包括没有真正的计划就开始经营公司，然后不止一次、两次、三次地卖掉它。

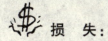 **损　失：**

350多万美元以及做其他事情的机会。

 **教　训：**

保护自己。

"即使你拥有一家比现在的公司大十倍的企业，你也必须确保它的稳定发展。"杰夫说，"经营大公司也要像经营小公司一样地谨慎。"

记住：直到最后1美元到账，你的交易才算结束了。

"与 Front Line 交易的时期是一个倒霉的时期，在他们没有支付我所应得的资产之前，我就交出了我所拥有的东西。"杰夫说，"实际上在没有得到支付之前是不能让步的，否则就会像我与 Front Line 之间的合约一样无法不能履行，我的一切就都要重新开始。"

不能履行合约的负面影响是很大的。合同要使权责明确无误，违约条款要尽可能完善。签订合同或其他文件，都要有第三方签字担保；如果合同条款不明确、不完善，对方就会无限期地拖延付款时间。

 **问　题：**

你打算出售自己的公司了吗？如果你不想像杰夫一样将公司收回——大多数人都不想这样做，当你找到潜在买主时，你是否能顺利地处理好后续问题？如果你手中持有买家的股票，当它下跌时你有保护自己利益的措施吗？

特伦特·沃伊特

姓　名：特伦特·沃伊特
（Trent Voight）
公　司：Process Enterprises
行　业：信用卡制作处理
年收入：500 万美元

有时你猎熊，有时熊吃你。

有时，你最大的挑战开始于你本身的错误，但它们通常是以与其本身相反的方式出现的。下面便是这类故事中的一个。

特伦特·沃伊特历经艰难弄懂了这些。他的一些并无恶意、看似很小的行为使他陷入了如此的境地：那些声称拥护他的人都想方设法要搞垮他，使他变成了一只待宰的羔羊。

但他们没有想到的是，羔羊也会把自己变成牧羊犬。

在贝勒大学（Baylor University）完成计算机工程的学业之后，特伦特进入达拉斯的一家国有便利商店的控股公司——美国南方公司（Southland Corporation）工作。他的第一个项目是设计采用信用卡和ATM 卡售票的自动系统。作为这个快速售票系统的主要工程师，特伦特很快悟出了信用卡处理的奥秘。

"大概就是在那时，我遇到了我的妻子——仿佛是命中注定。我是在一个夜总会遇到她的。那时她因为去法学院面试而在城里逗留了一天；我则是在持续工作 48 小时之后，与南方公司的同事一道出来消遣的。"特伦特说，"后来，当我创建自己公司的时候，才意识到我们之间的关系是何等牢靠，因为那对婚姻而言也许是最重的压力之一了。创业之初，度日如年，举步维艰，经济拮据，婚姻也难免受到影响。"

公司的名字叫 Process Enterprises，成立于 1990 年。特伦特很骄傲地指出，在创业阶段，他的婚姻不仅存活着，而且发展顺利。之后，公司从高端销售开发公司成长为一家信用卡制作处理公司。到 1997 年，Process Enterprises 公司已经成为全国信用卡制作处理排名第 13 的大公司。公司雇用了 30 多名员工，年收入达 500 万美元。

1999 年中期，特伦特经人介绍认识了 Vectrix Corporation 公司——这是一家由蓝筹股投资公司支持的风险投资公司。它试图成为一家大型的电子商务公司，因此需要一家信用卡制作处理公司。坚实的靠山，上市的期待，独立经营管理，慷慨的收购出价——特伦特还有什么不能接受的呢？

特伦特签署了协议，协议规定：对方将付给他收购总金额 50% 的现金，另 50% 以股票的形式兑现——股票有望在首次公开募股（IPO）后获利。开始的时候，特伦特只获得了一半的现金和股票，另外一半要在他跟随公司一年之后才能兑现。交易在 1999 年 12 月完成。在开始的几个月里，一切进展都非常顺利。特伦特顺理成章地经营着他的那些业务，Vectrix 也通过更多的收购而不断壮大。

问题终于出现了。特伦特所管理的部门很成功；太成功了，事情就会生变。没过多久，看起来似乎只有特伦特所管理的制作处理部门产生利润，Vectrix 公司的首席执行官开始担心权力偏离自己而靠近特伦特——当然，这些是特伦特后来才知道的。

"事后看来，这不是吹牛，事实如此。公司的全部收入都是来自我的部门，因此这位首席执行官将我视为'眼中钉'。另外，我是 A 型性格，处事不够圆滑。"特伦特说，"当他们说'我们该做些什么'时，如果我认为那是绝对愚蠢的，就会直言不讳。如此的生硬，必然不为某些人所喜欢。"

"比如，他们计划将我们从加工处理信用卡业务过程中获得的客户信息，向制作电话一览表的公司或营销类公司出售。怎么能这样呢？那会使公司停顿。他们既不懂得这些基本常识，也并不在意。"特伦特说——今天，他对这种行为的鄙视感仍然像第一次听到这种计划时那么强烈，"这些资料都是客户的隐私。这种行为纯粹是滥用权限。我阻止了他们的计划，而且我知道这终究是个问题。"

由于业务扩展，特伦特从芝加哥的华尔街摩根士丹利旗下的发现卡（Discover Caror）公司聘请了一位营销专家为他所在的部门工作。当时特伦特并不知道，Vectrix 公司的首席执行官和其他高管都计划着由这位营销专家来接管他的部门。

接下来发生的事情颇有戏剧性，也很少见。

"由于公司进行重组，董事会召开了一个管理人员回避的会议。周六早晨，他们挂出了新的管理人员名单，而在这个名单中我的名字竟不见踪影！"特伦特说，"这并不意味着我被开除了，只是不属于该组织而已。组织架构图上我应该在的位置由我所雇用的那位营销专家占据了，而这个人在部门中所经营的业务之少就如同在月球上一般。"

"他们做了权力范围内的所有事情，把我移到了一间无事可做的办公室，让我只做业务开发，不必做任何决策处理的事情。之后，由于竭心尽力帮助制作处理部门解决问题，我被斥责了多次。"特伦特说，"这完全是一场权力争夺战，我终于明白了将要发生的事情。"

公司需要新业务的开发，因此特伦特便出去开展新业务。他与旧金山的客户谈妥了一项百万美元的业务，但他不清楚 Vectrix 公司究竟为什么要将它束之高阁。

从那以后，特伦特只致力于自己的业务，因为 Vectrix 公司对他所谈妥的业务的轻忽态度使他对其他事情开始冷眼旁观——他继续为自己一年后的生活作着精心的策划，并没有彻底消极怠工，他为信用卡制作处理部门在奥马哈（Omaha）银行赢得了一个又一个的账户——2000年，从感恩节后的第一天开始，迎来了一年中最繁忙的日子。一个星期产生了几乎 30 万个授权。对这个行业而言，这个数字是非常可观的。

然而，该账户建立的第一个周末，特伦特接到了奥马哈银行的电话，说有一位商人的 ID 出现了错误。特伦特经过检查，确定这是一个输入错误——相当平常的一件事情，仅需要三分钟的调试时间。他马上用手机告诉了工程师们如何去纠正错误。

"在这一年结束的前 10 天，首席执行官把我叫到他的办公室，要解雇我，理由是'由于我的疏忽损害了公司利益'——损害了公司同奥马哈银行的关系。"特伦特说，"他们认为，收购 Process Enterprises 公司时欠我的现金和股票可以不再给付了。这是多么愚蠢的想法！"

Vectrix 高层管理人员以为他们将羔羊送入了屠宰场，而实际上，此时羔羊变为牧羊犬的过程也已经完成。

"我被解雇的那天，他们要我移交便携式电脑。我告诉他们，电脑在抽屉里。于是他们找到了带有操作系统的笔记本电脑，而我已经将所有文件、社会关系以及我所需要的一切东西转存到我自己的电脑上了。第二天，我就同一家风险投资公司成立了办公室，而且以前我也同这家公司打过交道。"特伦特说，"那天他们甚至想清理我的办公室，遭到了我的拒绝。我的先知先觉、未雨绸缪确实令他们措手不及，我的律师早已为一切类似的事情做好了充分准备。"

除了通常的重罪和道德条文，特伦特与 Vectrix 公司所签署的雇用合同使 Vectrix 公司有权以"行为伤害到公司"的名义解雇他——特伦特随后也意识到了处理权的问题。

在五个月后，特伦特同 Vectrix 公司管理人员之间的一切都结束了——这可能是最快的仲裁纪录之一。最终，特伦特拿到了所有应得的金钱，他也交还了自己所有的股票，这对于他而言万事大吉。

"我知道这个公司正在走下坡路，因此，我想要的是现金。"特伦特说。

等到 12 个月同业竞争回避协议时限结束后，特伦特开始计划成立新的信用卡制作处理公司。此时，特伦特看到 Vectrix 公司里他原来所在部门的员工收入下降了一半。于是他与 Vectrix 公司进行洽谈，要求回购自己的公司。

然而，特伦特遭到了 Vectrix 公司的拒绝。

特伦特继续实施自己的计划。他决定尝试用一个空壳公司作为买家来买回自己的公司。开始一切进展顺利，后来由于他个人的勤奋，导致交易以失败告终——特伦特授意空壳公司向 Vectrix 公司提问时，Vectrix 看出了破绽：对于局外人而言，这些问题过于细致了。因此，在得知特伦特与买方有关联之后，Vectrix 退出了谈判。

"也就是在那时，我意识到这完全是一种针对个人的行为。"特伦特说。

事情并没有结束，并且在向好的方向发展，但这些都不是最主要的。在特伦特遭到解雇的 18 个月之后，Vectrix 公司申请破产。因此，一直费尽心思要买回自己公司的特伦特，又开始计划如何在 Vectrix 破产之后买回自己的公司。

"当允许投标人对 Vectrix 公司做详细充分的调查时，他们为每一位投标人都准备了一份财务报告，装在文件夹里——除了我。我的首席财务官到了那里，他们告诉她不要指望用他们的复印机去印任何一份其他的报告。即使这样也没有关系，我的 CFO 知道该搜集些什么资料，我一直在通过电话与她联系。"特伦特说。

这样的阻挠到此为止了吗？远远没有。最终有两个合格的投标人脱颖而出：特伦特的公司和一家纽约的公司。在当天的竞投会上，Vectrix 的律师向法官提出反对意见，他认为特伦特不能算有效的投标人，理由是他没有一份书面财务报表。幸运的是，特伦特准备好了一份，法官和债权人都认定他是有效的投标人。

2001 年 9 月 4 日，特伦特在竞投会上胜出。

仅用了 28 美分，Process 公司重新回到了特伦特的怀抱。公司只剩了一个客户，但这并不要紧。特伦特重新召回了他的老员工，花了三个月的时间使公司启动。到第七个月，公司打破了停滞状态，从此如日中天，进展的步伐从未放慢过。

"今年我们将重新赢得 500 万美元的收入，利润丰厚。"特伦特说，"从一开始这就是一桩好生意，只是需要正确的人和正确的发展方向。"

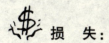 **损　失：**

法律费用和损失共计 42.2 万美元。如果公司从来没有被 Vectrix 公司收购，不知道将会是多少？

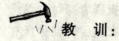 **教　训：**

避免在合同中出现含糊不清的内容。

并购过程中的所有合同条款都是为了保护双方的利益，因此总会有一些让步，但是不要遗漏任何内容。"我永远不会同意并购雇用合同中有任何含糊不清的东西。我还将在其中添加违约赔偿条款——很简单，就是罚款。他们企图拒绝给付我所应得资产的做法是徒劳的。"特伦特说。

一鸟在手胜过百鸟在目。

如果你想出售你的"孩子"，一定要深思熟虑，不要轻率地作决定。任何一个决定都是在冒险。特伦特说，如果这件事情可以重新来过的话，他会取走更多的现金。因为首次公开募股（IPO）的计划从未实现，Vectrix 的管理人最终搞垮了公司，与此同时他们的股票价值也大幅缩水。

不要放弃金钱的讨论。

特伦特的公司仅仅是被 Vectrix 收购的第二或第三家公司，因此特伦特无法找到某一家被其收购的公司的业主，向他们询问被收购以后的感受。

不过事后，特伦特认为当时应该同几位个别的投资者交流一下。这几位投资者已经为 Vectrix 投资了 5 万～10 万美元。

"或许我原本应该与个别投资者交流一下，了解他们的感受。事情过后我才发现，这些投资者也并不完全相信 Vectrix 公司。他们只是没有得到确切的信息，否则满可以向我提供一些。"特伦特说。

如果你的公司要被收购，一定要尽你所能搜集信息：谁是收购人；谁是关键人物。

 问 题：

在公司收购或合并中，你是否竭尽所能来捍卫你的资产呢？你所签署的合同中是否潜伏着特洛伊木马病毒呢？你是否对正在交涉的公司做了详尽的调查，并与之前同它打过交道的公司或者投资者探讨过呢？

如果你与收购者之间的关系出现危机，你是否有确保收回你所有资产的途径呢？

结　语

> 坚持不懈的精神是任何事物都无法取代的。才华不能取而代之——有才华的人无法取得成功是再正常不过的事情了；天才也不能取而代之——"不成功的天才"几乎成了一句谚语；仅仅是受过高等教育也不行——社会上受过教育的乞丐比比皆是。只有坚持不懈的精神和不屈不挠的决心，才能使你勇往直前，战无不胜。
>
> ——Calvin Coolidge

在你刚刚读过的这本书中，企业家们都历经噩梦般的大起大落——从成功的顶峰跌向绝望的深渊，最终，他们又凭借坚定的信念和不懈的努力，再一次取得成功。他们将自己的故事与读者分享，不是为了赢得同情，而是教会你一些基本的规则和技巧，使你在社会上不仅能生存，而且能发展壮大。

历经如此较量和斗争得以存活下来，势必会对一个人的身体和情感带来不同程度的伤害。如何才能度过这艰难的时期呢？在分析了解了上述故事之后，我认为，凭借企业家本身应该具备的素质，我们有能力成功地恢复信心，东山再起。

首先，最主要的一点就是作出抉择。但不是指单纯的选择！要慎重、自主、冷静地作出生活中所面临的每一次选择。爱钻牛角尖的人往往容易出现问题。要把鸡蛋分装在几个篮子里，这会使你获得成功的机会大大增加，而且也会减小你所承受的压力。

其次，你的周围拥有爱你的人是很重要的，他们会给予你强有力的支持。你拥有可以探讨生意想法的同龄群体吗？我们通常都感觉自己是在孤军奋战，因此只能独自承担运营一切所面临的考验与磨炼。其实并不是这样的，世界各地都有一些组织，它们可以为我们提供帮助，如青年企业家组织（Young Entrepreneurs' Organization），网址是 www. yeo. org；青年总裁组织（Young Presidents' Organization），网址是 www. ypo. org；CEO 俱乐部（The CEO Clubs），网址是 www. ceoclubs. org；管理委员会（The Executive Committee），网址是 www. teconline. com；美国女性企业家协会（National Association of Women Business Owners），网址是 www. nawbo. org。在这里，你可以找到所需的顾问——富有经验的企业管理人员，他们会帮你出谋划策，而且还会为会员提供一些咨询项目。

在面对持久压力的情况下，健康有序、平衡良好的生活对你将大有裨益。紧张是在压力作用下神经系统产生的一种负面效应；那么，什么又是能推动你、激励你的正面效应，是让你发泄沮丧的途径呢？跑步、打网球、钓鱼、打高尔夫，还是投身慈善事业？拥有健康生活方式和态度的人能够快速缓解压力，进而从逆境中恢复信心。我把这种经验称为"精选的毒药"，因为没有它，我就很难心智健全地挺过这些磨难。

我认为，企业家们所犯的最普遍的错误是盲目干活儿。他们不去向局外人或是专业组织进行咨询。面对出现在你眼前的信息，如果你肯花些时间去调查、分析它，那么就会大大降低失败的可能。要向当事人之外的人了解情况，想想除了这个圈子，你可以跟谁讨论？有哪个人或是哪家公司能提供你所需的核实材料？

另一个确保成功的必不可少的条件是——激情。拥有某一行业的专业技能并不能说明你就一定可以干好，这要看你是否在意职业生涯赋予你生命的意义。科学证明，对事业的情感依恋可以开发出潜在的逻辑领悟力，而对工作缺乏兴趣则会削弱它。对事业的狂热会让你忽视困难，坚持不懈，一往无前。

最后，我们要用自己的诚实和正直的心，真实、执著地去对待事业和生活。只有这样，你才有可能达到目标，甚至有时你还会超出想要实现的目标——至少你不会置身局外。你驰骋在这片希望的田野上，放飞心灵，去获得经历、智慧与成功。